重 估
人工智能与人的生存

刁生富　吴选红　刁宏宇　著

电子工业出版社
Publishing House of Electronics Industry
北京·BEIJING

未经许可，不得以任何方式复制或抄袭本书之部分或全部内容。
版权所有，侵权必究。

图书在版编目（CIP）数据

重估：人工智能与人的生存 / 刁生富，吴选红，刁宏宇著. —北京：电子工业出版社，2019.11
ISBN 978-7-121-37587-3

Ⅰ. ①重… Ⅱ. ①刁… ②吴… ③刁… Ⅲ. ①人工智能—研究 Ⅳ. ①TP18

中国版本图书馆 CIP 数据核字（2019）第 219786 号

责任编辑：米俊萍　　特约编辑：刘广钦　　刘红涛
印　　刷：北京盛通商印快线网络科技有限公司
装　　订：北京盛通商印快线网络科技有限公司
出版发行：电子工业出版社
　　　　　北京市海淀区万寿路 173 信箱　邮编：100036
开　　本：720×1 000　1/16　印张：16　字数：268 千字
版　　次：2019 年 11 月第 1 版
印　　次：2023 年 1 月第 3 次印刷
定　　价：78.00 元

凡所购买电子工业出版社图书有缺损问题，请向购买书店调换。若书店售缺，请与本社发行部联系，联系及邮购电话：（010）88254888，88258888。
质量投诉请发邮件至 zlts@phei.com.cn，盗版侵权举报请发邮件至 dbqq@phei.com.cn。
本书咨询联系方式：mijp@phei.com.cn。

前言

  2018年，电子工业出版社出版了拙作《重估：大数据与人的生存》，本以为这是一本读者面较窄的学术性论著，但没想到引起了读者较广泛的兴趣，出版4个月后即被重印。这从一个侧面反映出公众科技素养的提升和对大数据、人工智能这类事关人类生存与发展的重大科技的高度关注。实际上，大数据和人工智能革命，如同以往的数次科技革命一样，在人们还没来得及做好充分的迎接准备时，就已渗透到人类生存的方方面面，以其强大的技术优势"成了一种力量，一种生机勃勃的精灵"[1]，重塑着人类生存的一切，甚至包括人类本身。

  本书继《重估：大数据与人的生存》之后，着眼于当下人们的现实生活正在被深度数据化和智能化的大背景，怀着对智能时代人类美好未来的憧憬，踏上了追寻人工智能重塑人类生活形态、充盈人类精神世界、拓展人类发展空间的旅途，对人工智能时代人的生存和发展所涉及的重要方面，如出行、医疗、购物、情感、社交、隐私、教育、就业、人机生态等进行了初步研究和价值探索，对各个不同领域所涉及的典型案例、伦理论争、人机关系、人的价值等进行了思考。

  在新时代，人工智能不能仅成为少数专业人才的"独舞"，而应该是人民群众的"共舞"。但是由于人工智能专业技术与理论类书籍绝大多数是非专业人士很难读懂的，这对于人工智能知识的传播无疑是不利的。本书与人工

---

[1] 凯文·凯利. 科技想要什么[M]. 熊祥，译. 北京：中信出版社，2011：41.

智能的专业技术、理论类书籍不同，本书并没有将写作的重点放在对人工智能技术的探讨上，本书期待启迪读者，使其能够形成对智能时代的理性看法，并激发读者的创造性思维和培养读者的智能素养，从而使读者更好地在智能时代生存和发展。

本书写作过程中参考了大量国内外文献，收集了一些有趣的图片，在此特向有关研究者和作者致以最真诚的感谢；电子工业出版社编辑米俊萍为本书的出版付出了心血，在此一并致谢。对书中存在的不足，敬请广大读者批评指正。

刁生富

2019 年 6 月 18 日

Contents 目录

第一章　引言：未来已来，人工智能与人的生存　//001

人工智能革命，同以往的重大科技革命一样，在人们还没来得及做好充分的迎接准备时，就已渗透到人类生存的方方面面，已经并将继续对人类的生活形态、精神世界、发展空间产生深远的影响。

一、概念辨析：数据、信息、知识、智慧与智能　//003

二、关系梳理：人工智能与人类智能　//005

三、历史脉络：人工智能的三起两落　//009

四、影响分析：本书的目的、内容和结构　//015

第一部分　重塑生活形态

第二章　出行：无人驾驶汽车你敢坐吗　//021

无人驾驶汽车从实验室走进公众视野，展现的是传统驾驶领域中的颠覆性变革，那些因为醉驾、疲劳驾驶、司乘冲突等造成的悲剧，将不再发生——安全、舒适、便捷、高效的目标正在成为现实。

一、无人驾驶汽车成为"网红"：一批大公司正在蹭热度　//023

二、人们最关注的问题：无人驾驶汽车安全吗　//026

三、"电车难题"：无人驾驶汽车将怎样选择　　//031

四、"大数据悖论"：无人驾驶汽车的出路　　//034

五、无人驾驶汽车上路：不仅仅是安全问题　　//039

第三章　医疗：人类能否实现长生不老　　//043

基于大数据的人工智能医疗，不仅可以从宏观视角把握患者病情，更可以从微观层面做到细致入微，促进医疗理念从"治疗"向"预防"转变。两者并行，留给人类一个健康的生存空间。

一、医疗的变革：人工智能与人的合作　　//045

二、传统医疗的颠覆：人类能否实现长生不老　　//049

三、智能医疗：传统医疗不可比拟的优势　　//053

四、达·芬奇的遗产：手术机器人在质疑中前行　　//056

五、人工智能的魅力：医疗技术在智能时代的创新　　//060

第四章　购物：人工智能与新零售的崛起　　//063

新零售是基于大数据和智能技术的产品与服务的销售，更是贴近消费大众之"心"的最佳体验的零售。在智能时代，谁能掌控消费者的个性化体验，谁就能在与传统零售业的对峙中胜出。

一、新零售的崛起：合力推动的结果　　//065

二、"前所未有"的购物体验：这是怎样的感觉　　//072

三、"智能+"时代的零售业：新与旧对峙的启示　　//077

四、新零售的头号劲敌：隐私泄露的综合治理　　//081

第五章　共生：人与半机器人和机器人的相处之道　//085

如何超前探索由人、半机器人和机器人组成的三元结构社会中的相处之道，共同构建一种良性的社会关系，共建共治共享这个新世界，是一个充满挑战的新课题。

一、新世界：三元结构社会的生成逻辑　//087

二、新问题：三元结构社会的冲突表征　//092

三、新关系：三元结构社会的相处之道　//096

第二部分　重建精神世界

第六章　情感：在人与机器之间　//105

在智能时代，人类情感也在智能化延伸，当延伸的领域恰好与情感机器人相互融合时，众多的人与情感机器人的关系可能性就会引发人们的好奇心和想象力，并不断衍生新的伦理难题和治理需求。

一、何以可能：情感机器人的情感　//107

二、智能化延伸：人类情感的技术再现　//112

三、一种新"瘾"的出现：情感机器人成瘾　//114

四、寻根问因：情感机器人的伦理问题　//117

五、路径抉择：情感机器人的伦理治理　//120

第七章　社交：人们为什么喜欢匿名　//125

随着人工智能的发展，人们正在走进人工智能化的"大社交"时代，交往范围、交往时间、彼此的信任感、待人方式、交往行为、自我认知等等，正经历"数千年未有之大变局"。

一、人工智能社交：人们为什么喜欢匿名　//127

二、社交的变革：人工智能对人际交往的冲击　//132

三、未来的"大社交"：人类社交的人工智能化　//137

第八章　隐私：从精准广告推送说起　//145

在人工智能时代，隐私是一个耐人寻味的话题，更是一个需要政府、企业、社会组织和公民协同共治的问题——从价值观念、社会责任、道德伦理和法律规范等，不断推动人工智能朝着更加人性化的方向发展。

一、需求与技术的响应：精准定向广告推送的缘起与发展　//147

二、优势与便捷的背后：精准定向广告推送与
个人隐私问题　//149

三、侵权后果：个人隐私权被侵犯的影响　//154

四、还你一片阳光：个人隐私的保护进路　//157

第三部分　重构发展空间

第九章　教育：通向个性化的回归之路　//167

从"互联网+"到"大数据+"再到"智能+"，技术对教育赋能的力量在不断加强，以数据为支撑的、更加符合人性和人的全面发展的智能化、个性化教育，正在向更高层次复归。

一、学生：能力目标变换与学习方式变革　//169

二、教师：地位转变与角色转换　//177

三、学校：智能化的管理成为常态　//181

四、个性化的回归之路：教育大数据的魅力　//188

目 录

第十章 **就业：机器在哪些领域能换人**　//195

　　智能机器使一部分人失去了原来的工作，但却创造了更多的工作机会。未来的路有两条：一条是"退避三舍"，徘徊观望或惊慌失措；另一条是"顺势而为"，成为"智能+"时代的宠儿。

一、失业：会成为常态吗　//197

二、人工智能机器换人：到底能换掉哪些人　//202

三、适应"智能+"时代：重塑劳动技能　//209

第十一章 **未来：走向和谐的人机生态**　//213

　　在"人与机器"共生的未来社会，人不仅自己需要秉承善的伦理价值，而且需要将善的"良芯"以合理的方式嵌入机器中，通过伦理重构，构建和谐的人机生态。

一、人机关系的嬗变：历史、当下与未来　//215

二、人机关系与人际关系：异同辨析　//218

三、"恐怖谷"中的人机对视：是恐怖还是温暖　//221

四、人机冲突：科幻电影中的完美呈现　//223

五、警告：霍金和马斯克对人工智能的预言　//226

六、人工智能并非全能：始终为人之工具　//230

七、伦理解构：人机冲突的缘由　//233

八、人机生态：从"冲突"走向"和谐"　//236

第一章

引言：未来已来，人工智能与人的生存

概念辨析：数据、信息、知识、智慧与智能

关系梳理：人工智能与人类智能

历史脉络：人工智能的三起两落

影响分析：本书的目的、内容和结构

  人工智能革命，也如同以往的数次重大科技革命一样，在人们还没来得及做好充分的迎接准备时，就已渗透到人类生存的方方面面，已经并将继续对人类的生活形态、精神世界、发展空间产生深远的影响。人工智能正在以其强大的技术优势"成了一种力量，一种生机勃勃的精灵"，重塑着人类生存的一切，甚至包括人类本身。

一、概念辨析：数据、信息、知识、智慧与智能

人工智能和大数据时代是一个新兴技术普遍、深度卷入人类社会生活的时代。在这个以科技为支撑的新时代里，每个期望更好地生存和发展的人，都应该深刻理解与这个时代密切关联的一些"关键词"——首先需要了解数据、信息、知识、智慧与智能这五个概念，以及它们之间的关系。

数据是指通过特定的手段和载体，将客观事实进行逻辑归纳和记录的结果，其存在的形式多种多样，如符号、文字、数字、图像、音频、视频等。由于数据只是对客观事实的记录和描述，就其本身而言，不具有意义，只有经过加工、提炼的数据（信息），才具有潜在的意义。从数据的存在状态来看，存储于相关载体的数据是静态数据，在系统数据流中的数据是动态数据。从数据与信息、知识的关系角度而言，数据是指构成信息和知识的原始素材，是产生信息、知识、智慧和智能的基础条件，具有无逻辑、离散等特征。

信息是指经过加工后的数据。由于原始的数据类型多种多样，且具有无逻辑、离散等特征，人类为了更好地认识世界和改造世界，势必要通过直接或间接的方式，将原始数据经过加工改造，使之成为可以服务于人类规则的数据，即信息。

知识是系统化的信息，是对信息进行筛选、处理、综合、分析之后产生的彼此之间相互关联的数据，它不是信息的简单相加，而是多维信息的有机统一。古希腊著名哲学家柏拉图指出：一条陈述能称得上是知识必须满足三个条件，即它一定是被验证过的、正确的，而且被人们相信的。因此，知识本身有真知识和假知识之分——凡是经不起验证的、不能令人信

服的系统化信息，它本身也不能算是知识，只能算是假知识。

　　知识的相互关联及系统化，为人们提供了从全局分析事物的工具，从而锻炼出人们发现问题、分析问题和解决问题的系统化思维能力，这就是智慧。智慧的形成过程就是从感性知觉（感觉、知觉、记忆等）到理性思维、直觉与灵感的过程。

　　智能是智慧与能力的合称。从感性知觉到理性思维、直觉、灵感的过程称为智慧的过程，再由智慧指导行为表达的过程，就是一个智能的过程。智能分为人工智能和人类智能，人工智能包括弱人工智能和强人工智能。按照霍华德·加德纳的多元智能理论，人类智能又包括语言智能、数学逻辑智能、空间智能、身体运动智能、音乐智能、人际智能、自我认知智能、自然认知智能，如图1-1所示。

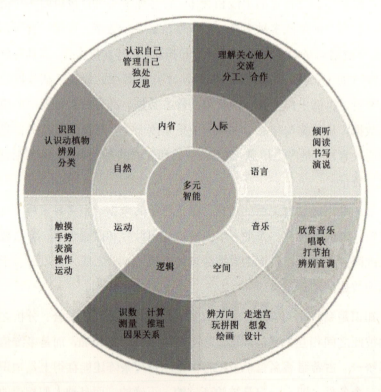

图1-1　加德纳多元智能理论

数据、信息、知识、智慧与智能之间是一种逐渐升维的关系，如图 1-2 所示。在特定的条件下，彼此之间能够实现相互转换和升维发展。经过加工的数据成为信息，信息之间的相互关联成为知识，知识的系统化开始产生智慧，智慧加上能力则形成智能。

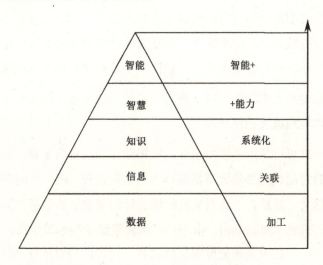

图 1-2　数据、信息、知识、智慧和智能的关系

在智能形成的前提下，随着工具的演化，智能开始出现分支，分为人类智能和人工智能两大类。由于本书着重探讨人工智能对人类生存和发展的影响，因此以下章节将集中力量叙述"人工智能+"的变革力量。这里，首先需要对二者的关系做进一步的梳理。

二、关系梳理：人工智能与人类智能

人工智能与人类智能的关系问题，自计算机发明和人工智能诞生之日起，就引起了广泛的关注和激烈的争论。人工智能之父阿兰·麦席森·图灵（Alan Mathison Turing）曾指出：如果一台计算机能骗过人，使人相信它是人而不是机器，那么它就应当被称为有智能。这意味着，只要机器能够拥有使人相信它是人而不是机器的能力，这台机器就具备了人工的智能。但自阿尔法狗诞生以来，不断发展中的人工智能使人们相信它是人而不是机器的能力越发明显，人工智能与人类智能的关系日渐模糊。对人类而言，不确定性具有不断超越自身迈向确定性的内驱力，所以，对于逐渐发展完善的人工智能技术，人们渴望在一个充满确定性的自由王国里看待人工智能与人类智能之间的模糊关系，并试图从中寻找某种确定性的未来。

人工智能与人类智能之间是既对立又统一的关系，彼此相互联系又相互独立，相辅相成又相反相成。

其统一性可以从两个视角来看。从智能行为的目的来看，人工智能与人类智能的智能行为都是智慧指导行为表达的过程，两者之间存在着共同的目的论意义，都是为了达到某种预期的目的而表达的智慧行为。著名技术哲学家芒福德（Mumford）指出：技术元素赋予技术以生命，人是技术进化的动力……技术元素的发展虽然具有一定程度的自主性，但是它的发展轨迹从某种意义上来说也是人类意志的体现。人工智能作为"技术元素"的综合载体，是人类智能意志迁移的结果，这种迁移不是简单的技术再现，而是基于满足人类深层目的的价值诉求，而人工智能在这个过程中仅仅扮演一个承载人类目的的角色，代替人类追寻特定的价值目的。在这个层面上，人工智能与人类智能在智能行为的目的上，具有内在的统一性。

从本质来看，人工智能是人类智能的弥补、延伸和增强，是人类智能在人工机器中的技术再现的智能。所以，从人类智能的角度而言，人工智能是对人类智能的模仿，是以人类智能为原型的技术再现。人类在进化的过程中，需要不断地感知世界、认识世界和改造世界。随着人类的进化，认识世界和改造世界的活动也随之变得复杂，依托工具谋得"万物之灵"称号的人类，对于技术的演进不得不使其更接近于甚至超越于人类本身，只有这样，工具的存在对于人类而言才更具价值和意义。这就意味着，人工智能的发展势必受到人类智能的影响和制约，人类智能越完善，人工智能就发展得越快。反之，人工智能的发展也为人类认识世界和改造世界提供了更加便捷、高效的手段，进而促进人类智能的进一步发展完善。因此，人类智能与人工智能之间不仅存在目的论意义上的内在统一性，还存在主从属性的相辅相成关系。人类社会中的技术、需求、市场和文化在决定人工智能的发展道路时，人工智能也在不断地回报人类以更多的福利——自由、解放、主动性、创造性等，从而使人类智能转向更核心的科技创新和思维判断上来。

之所以要研究人工智能与人类智能的对立统一关系，是因为人类如果能够厘清两者之间的内在统一的关系，就能够更快地促进人工智能的发展与完善；如果人类能够清楚地厘清两者之间的对立性，依附于人类智能而发展的人工智能，必将朝着更加有利于人类发展的方向前进，而不是令其从与人类共进退的生态系统中隐蔽或者异化。若是不能正确地将两者的内在统一性认识清楚，将会导致人工智能的发展停滞；若是不能正确认识两者之间的对立性，人工智能的和谐论与冲突论之间的论争也就失去了理论意义。因此，在把握两者的内在统一性的前提下，也需要进一步从三个方面把握好两者之间的对立性。

从生物学意义来看，人工智能与人类智能具有不同的生命形态，人工智能属于硅基生命，人类智能属于碳基生命。海德格尔认为，"生命是指在存在中的存在者"[1]。但是，从这个生命的定义来看，很容易发现，在人工智能与人类智能之间无法对其进行明确的区分，很容易导致混淆，也更容易走上人工智能异化的道路。这时，生物学意义上的"生命"作为中介得以发挥作用。

生物学意义上的生命是指在时空变化过程中，能够实现自我生长、繁衍、感觉、意识、意志、进化、互动等丰富可能的一类现象[2]。从生物学意义来看，一个物体能够被赋予生命体征，就要具备三个条件：第一，能

---

[1] [德]海德格尔. 海德格尔的存在哲学[M]. 唐译, 编译. 长春: 吉林出版集团有限公司, 2013:206-207.
[2] 百度百科. 生命[EB/OL].https://baike.baidu.com/item/%E7%94%9F%E5%91%BD/2366034.

够自我生长；第二，能够繁衍后代；第三，能够主动适应生存环境。就目前来看，人工智能尚处于弱人工智能阶段，就其本质而言仅仅是工具，是一个随时等待执行指令的"冰冷铁块"。甚至可以说，目前要想赋予其生命这件事对于人类而言都是无能为力的（至少目前没有实现）。但是，人类智能则不同，其存在的特征会随着生命的产生而产生，也会随着生命的消亡而消亡，其本身也就具备了生命的特征。

1891年，波茨坦大学的天体物理学家儒略·申纳尔（Julius Sheiner）认为，存在一种以硅为基础的生命的可能性，申纳尔提出的这种生命的可能形态是相较于碳基生命而言的。因此，人工智能与人类智能的生命形态，不具有比较的前提，彼此之间并不存在生物学意义上共同的生命构成。换句话说，人工智能与人类智能是根本相异的生命形态，人工智能属于硅基生命，而人类智能属于碳基生命。

从智能的物质承担者来看，人工智能的承载者是人工物的符号处理系统，人类智能的承载者则是人的大脑。早在20世纪50年代，就有不同的观点认为，人工智能的智能承载者是处理思维符号的系统，是一种致力于用计算机示例世界的形式化表达和仿真神经元的交互。当下的人工智能的物质承担者则是一种以深度学习、图像识别、神经网络、语音识别等综合技术为支撑的程序操作系统，其本质上是对人类大脑的简单模仿。正是由于这种模仿还未触及人类智能行为发生的本质，所以，人们很容易将人工智能的缺陷归结为"还原主义"的弊端所致。而人类智能的物质承担者是人脑，是高度组织起来的复杂体系。人类智能主要是生理和心理上的多层次和错综复杂的运动交互过程，是一种有高级神经中枢组织的复杂的生理心理过程，它是基于人类躯体的自生活动，智能活动与人类本身具有统一性。人工智能则不同，人工智能的智能载体是一种人工物。换句话说，人工智能的智能活动的驱动力不是产生于人工智能本身，而是对人类具有极端依附性的。

从智能的思维方式来看，人工智能善于处理程序性问题，却不善于抽象思维,而抽象思维却是人类的强项。人工智能在程序性问题面前会显示出超人的能力,能够以远超人类的效率并高质量地完成特定的任务。从几何学的意义上讲,程序性的问题表现为点与点、点与线、点与面、线与线、线与面的函数映射关系,由于特定的映射条件,使得人工智能的高速算法最终能够回归到确定的值域范围。但是,从一个更宽泛的领域而言,当确定性的条件被打破时,人工智能相较于人类智能的思维优势也就消失了——这是线性思维的局限性。人工智能能完成复杂的股票高频交易,但对场景的整体理解可能还不如一个2岁的孩子;人工智能能帮助一位妈妈做家教,但代替不了母亲温柔的眼神。抽象思维是指人类运用概念、判断和推理等思维方式对客观现实进行直接或间接的概括和反映的过程,不同的人对于同样的客观现实的反映,会得出不同的结果,进而促进了人类思维的多元化发展。多元化的交互过程使得人类的抽象思维极具复杂性,达到人工智能线性思维无法企及的地步。然而,不同的人工智能机器,对于同一个问题的回答,其答案基本是确定和唯一的,难免会呈现机械和僵硬的智能特征。

三、历史脉络:人工智能的三起两落

1950年,阿兰·麦席森·图灵(Alan Mathison Turing)在《心灵》杂志上发表了一篇具有划时代意义的论文:《计算机器和智能》(*Computing Machinery and Intelligence*)。在这篇论文中,他提出了人工智能领域中的著名实验——"图灵测试(Turing Test)"。正是由于这个测试对人工智能的未来发展意义重大,奠定了图灵在该领域的坚实地位——人工智能之父。他是这样定义机器智能的:"如果一台机器能够与人类开展对话而不被辨别出其机器的身份,那么就称这台机器拥有智能。"就在同一年,图灵还预言：人类最终将拥有能够创造出智能机器的可能性。

1955年8月31日，由约翰·麦卡锡（John MC Carthy）、马文·明斯基（Marvin Minsky）、纳撒尼尔·罗彻斯特（Nathaniel Rochester）和克劳德·香农（Claude Shannon）联合递交的一份关于召开国际人工智能会议的提案中，首次提出"人工智能"（Artificial Intelligence）一词。1956年夏天，在美国的达特茅斯学院举行的会议，首次将人工智能作为讨论对象进行探讨。也正是在这次会议上，人工智能的概念被明确提出——人工智能正式诞生了。

自人工智能诞生至今，短短60多年的时间里，其发展大落又大起，跌跌撞撞，几经波折，总的发展历程概括起来可谓是"三起两落"，如表1-1所示。

表1-1 人工智能的"三起两落"

启蒙阶段（20世纪50—70年代）	1950年	图灵测试提出
	1956年	麦卡锡提出人工智能一词
	1956年	世界达特茅斯会议召开
	1958年	感知机模型打开神经网络的大门
	1960年	通用问题求解系统问世
	1966年	世界上第一台聊天机器人ELIZA问世
	1968年	DENDRAL专家系统问世
低潮时期（20世纪70—80年代）	1969年	马文·明斯基指出神经网络容量的局限性
	1972年	世界首台人工智能移动机器人Shakey诞生
	1973年	《莱特希尔报告》指出人工智能没有兑现对人们的承诺
复兴阶段（1980—1987年）	1980年	XCON的"专家系统"在卡内基梅隆大学诞生
	1982年	约翰·霍普菲尔德提出具有联想记忆的循环神经网络
	1982年	保罗·斯莫伦斯基提出RBM模型
遇冷时期（1987—1993年）	1987年	人们发现"专家系统"只能用于特定情境的局限性
	1988年	CNN神经网络
快速发展（1993年至今）	1995年	瓦普尼克提出支持向量机
	1997年	"深蓝"战胜世界冠军卡斯帕罗夫
	2006年	杰弗里·辛顿提出深度学习
	2011年	IBM Wotson 危险边缘智力回答
	2012年	Google X实验室采用神经系统识别一只猫

续表

	2013 年	深度学习在语音和视觉识别上取得突破
快速发展（1993 年至今）	2016 年	谷歌阿尔法狗战胜韩国李世石
	2016 年	"人工智能爆发的元年" 世界上许多国家提出人工智能发展战略

（1）人工智能的第一次崛起（20 世纪 50—70 年代）。1956 年世界达特茅斯会议之后，人工智能的发展迎来第一次热潮，开始逐渐走向全世界。在这近 20 年的时间里，人工智能被广泛应用于数理逻辑推理与自然语言处理等领域，用来解决代数、几何和英语等问题，其优势相较于人而言较为明显，给予了众多人工智能领域的研究学者以信心。甚至在当时，很多学者认为：20 年内，机器将能完成人能做到的一切。同时，这股热潮也极大地鼓舞了很多著名高校投入到人工智能的研究领域，甚至已经开始撬动政府机构的大额资金，如美国国防高级研究计划署（APRA）的人工智能研发资金等。

政府、高校、学者都参与到人工智能研究中，各种研究成果竞相涌现。1966 年，世界上第一台聊天机器人 ELIZA（见图 1-3）问世；1972 年，世界首台人工智能移动机器人 Shakey 诞生。Shakey 是一款带有视觉传感器的机器人，能根据人的指令发现并抓取积木，成为历史上首台能够采用人工智能技术的移动式智能机器人。

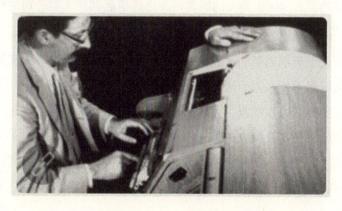

图 1-3　世界上第一台聊天机器人 ELIZA

（2）人工智能的第一次跌落（20世纪70—80年代）。人工智能的异军突起，在经历了世界性的热潮之后，由于受当时理论和技术水平的限制，遭遇了第一个发展低潮。20世纪70—80年代，人工智能技术的发展还处在不成熟阶段，当时主要存在三方面的问题：一是数据挖掘技术落后，用于训练人工智能机器的数据难以大批量获取；二是人工智能机器的运算能力不足，无法运行复杂的程序；三是人工智能机器的学习能力不足，无法与外围世界进行有效的人机交互。

另外，由于社会对人工智能有过高期望值，而其持续发展未能满足社会的期待，再加上人工智能科研人员对研发项目的难度预估不足，导致与美国国防高级研究计划署的合作计划失败。最终，使得人工智能声誉日损，社会各界对于人工智能的信心大打折扣，政府和高校撤回了对其研发工作的经费支持。

（3）人工智能的第二次崛起（1980—1987年）。人工智能遭遇第一次的阵痛，其发展速度大为减缓，但并没有完全停止，最终在坚守中看到了新的曙光。1980年，卡内基梅隆大学为数字设备公司设计了一套名为XCON的"专家系统"，再次让人工智能重回大众视野。这套"专家系统"是由综合数据库、知识库和一个推理机组成的，如图1-4所示。在投入公司运营后，以其卓越的专业知识、技能和智能算法系统，为该数字设备公司每年节约了近4000美元的经费，并迅速引起其他大型公司的模仿，催生了第二次人工智能的热潮。

（4）人工智能的第二次跌落（1987—1993年）。然而，人工智能的第二次崛起好景不长，似乎比第一次跌落得更快。仅在7年之后，人工智能专家系统的弊端再次败露。经过7年的具体实践，人们再次发现，该专家系统仅能应用于部分特定的情景中，而不能将其投入更为广阔的市场。此时，人们不禁感叹，当前的人工智能在理想状态中是"无限好"，但又是"近黄昏"。

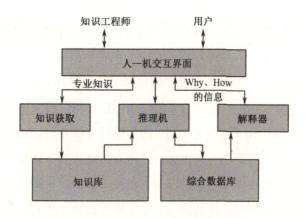

图1-4 专家系统工作原理

（5）人工智能的第三次崛起（1993年至今）。人工智能技术的发展并不是一帆风顺的。在经历了"两起两落"之后，人们对人工智能的发展有一种"山重水复疑无路"的普遍困惑，但部分专家仍然一直坚守在遭受"冷遇"的人工智能领域，经过数年的艰难探索，终于"守得云开见日出"。1997年，人工智能计算机"深蓝"战胜世界冠军卡斯帕罗夫；2005年，美国国防高级研究计划署发起一项全球性挑战项目——要创造出一种可以在沙漠中行驶200多千米的自动机器人，这为未来的人工智能研究起到了加速作用，越来越多的人开始重新看好人工智能；2016年，谷歌阿尔法狗战胜韩国李世石。

综上所述，人工智能技术的发展经历了"三起两落"的过程，有寒冬也有春天。在人工智能崛起之际的发展成果喜人，但在人工智能的"寒冬"里，我们也不能忘记那些依然在默默坚守、辛勤耕耘的人们，正是他们坚韧不拔的科学探索精神和不畏艰难的求知精神，才使得人工智能技术逐渐发展完善，并最终在世界范围内掀起了新的人工智能狂潮。

2019年3月27日，为人工智能的发展奠定基础的三位计算机科学家，被授予了该领域最高的荣誉——图灵奖。当天，美国计算机协会（ACM）宣布，把2018年的图灵奖（Turing Award）颁给多伦多大学名誉教授兼谷歌大脑人工智能团队的高级研究员杰弗里·辛顿（Geoffrey Hinton）、纽约大学教授兼 Facebook 首席人工智能科学家杨立昆（Yann Le Cun），以及蒙特利尔大学教授兼人工智能公司 Element AI 的联合创始人约书亚·本吉奥（Yoshua Bengio），三位获奖者将分别获得 100 万美元的奖金。

每次人工智能崛起，除众多学者的潜心研究外，国家政策的大力支持也起着重要作用。2019 年 3 月 5 日，国务院总理李克强在政府工作报告中首提"智能+"。报告指出：为推动传统产业改造提升，要围绕推动制造业高质量发展……打造工业互联网平台，拓展"智能+"，为制造业转型升级赋能。而人工智能一词，更是连续三年出现在政府工作报告中，成为促进新兴产业加快发展的新动能。

随着人工智能革命的深入推进，新一代人工智能技术与产业模式的影响力和渗透力异常强劲，无论是人们的生产、生活还是思维方式，都受到强烈的冲击，甚至是颠覆性的改变，从而对人类的生存和发展产生深远的影响。

在经历了"三起两落"后，人工智能的发展日趋完善，未来可期。知名作家、发明家、数据科学家与谷歌工程师雷·库兹韦尔（Ray Kurzweil）曾预言："在 21 世纪 20 年代中期，人脑反向工程就会成功，人脑的所有秘密就会被揭开；21 世纪 20 年代末，计算机就能达到人脑智力水平；2045 年，奇点到来，基于计算机能力的大幅增长，成本的大幅下降，人工智能创造物的数量将是整个人类智慧创造物数量的十亿倍。"与此同时，耶鲁大学和牛津大学的相关人工智能研究员对 352 位人工智能领域专家的采访中得出结论称："人工智能到 2060 年前后有 50% 的概率完全超过人类（总体趋势如图 1-5 所示）。"

总体而言，若是如上关于人工智能的预言最终能够全部实现，那么要不了多久，人工智能不仅可以令人类实现永生，而且可以将人类从工作中解放出来，届时人们需要处理的最大的问题将是人工智能与人类智能的关系问题——人机关系问题。人类需要从事的活动将是完全致力于谋求独立、自由与解放，完全投身于自身思维的锻造和自身极限的挑战。

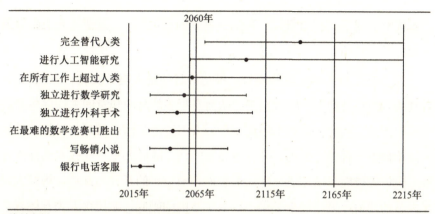

图1-5 人工智能如何超越人类

在人工智能的未来发展中，人类需要未雨绸缪，慎重审视人工智能对人类生存和发展的影响，并加强治理创新，及时做好相应的风险防范。"凡事预则立，不预则废。"人工智能的未来，虽充满着诸多不确定性，但其存在的巨大智能优势对于人类而言是极具历史意义的。

四、影响分析：本书的目的、内容和结构

随着数据挖掘和存储、数据传输、智能机器人、语言识别、图像识别、自然语言处理、区块链、边缘计算等技术的迅猛发展，单个的技术突破逐渐由"还原主义"向"整体主义"进发，并以"迅雷不及掩耳之势"推动了人工智能革命的到来。如同以往的数次科技革命一样，人们还没来得及做好充分迎接的准备，人工智能就已然渗透到人类生存的方方面面，已经并将继续对人类的生活形态、精神世界、发展空间产生或积极或消极的"双重"影响。但不管怎样，人工智能是"利大于弊"的，它正在以其强大的

技术优势"成了一种力量，一种生机勃勃的精灵"[1]，重塑着人类生存的一切，甚至包括人类本身。

人工智能是人类智能的模仿，模仿的目的是人类希冀将自身从繁杂、重复的"线性劳动"中解放出来，从而有更多的时间和空间去探寻生命的价值和意义。因此，从这个层面来看，人工智能革命却又是与以往的数次科技革命不一样的，因为它是在重塑着一切。随着人工智能技术的深入发展，模仿的技能日渐精进，在人工智能领域数年的开荒与深耕，历经大起又大落的悲凉，最终迎来了第三次人工智能的崛起，才使得人类开始真正体验到"吹尽黄沙始到金"的喜悦。

人类从游牧时代开始，经历农业时代、工业时代和信息时代，如今正大踏步迈向智能时代。这个漫长的过程，也是工具的演变与进化的过程。在整个认识自然与改造自然的人类历程中，人们渐渐明白，从某种程度上来说，工具的先进程度决定了某个文明的先进程度。正是顺着这个思路，以往的科技革命逐渐将人类带入"工具理性"的迷途，逐渐遮蔽、消解和否定了价值理性，财富的追求剥夺了其原有的价值意义和功能，出现了工具理性单向发展的格局。于是，现代社会中，经济动力逐渐占据了主导地位，精神动力则日益衰竭。归根结底，这一切都是科技革命的"物化思维"在从中作梗，是人类被捆绑在"线性劳动"中而促成"单向度人"的恶性循环。德国社会学家马克斯·韦伯强调，"理性化"是现代社会的基本特质。但是，在我们看来，这个"理性化"的特质还必须对其进行重新定义，赋予其"工具理性"与"价值理性"的双重意义，不能把绝对的领先地位留给"工具理性"，否则无法促进人类的全面自由发展。

基于这个宏大的愿景，需要重塑人类的生活形态，充盈人类的精神世界，拓展人类的发展空间。有一个首要的前提就是，要将人类从繁杂劳动中解放出来，将自由还给广大人民群众，使他们获得更多的自由时间，实现美好生活的向往。这就不得不诉诸与人类智能紧密相关的人工智能。正

---

[1] 凯文·凯利. 科技想要什么[M]. 熊祥, 译. 北京：中信出版社，2011：41.

是由于人工智能技术的应用日渐广泛，使得宏大的愿景得以与具体的实践相结合，人类的未来生存形态势必将发生翻天覆地的变革。弗洛伊德认为："人若是集中注意力，心理活动中的意识即能察觉，而不符合社会道德和主体精神的潜意识则无法进入意识。"[1]因此，我们有理由相信，只要人类彻底从"线性劳动"中解放出来，获得可以自由发展的自由时间，人们将会有更多的时间和精力，去投身于符合社会道德和主体精神的潜意识活动中，定能达到"学以成人"和"学以御物"的人生新高度。

本书着眼于当下人们的现实生活正在被智能化的大背景，以及怀着对人工智能相关的人类生存的美好未来的憧憬，踏上了追寻人工智能重塑人类的生存形态的现实征程。

本书对人工智能时代人的生存（如生活、精神与发展）所涉及的重要方面，如购物、医疗、出行、情感、社交、隐私、教育、就业、人机关系等进行了初步研究和价值探索，对各个不同领域所涉及的典型案例、伦理论争、人机关系危机、人际关系冲突、人的尊严与价值、人工智能的优越性等进行了思考。本书结构如图1-6所示。

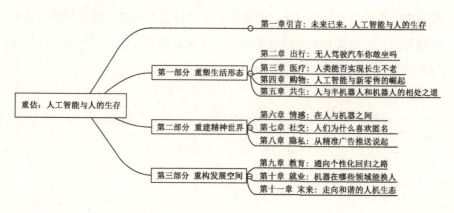

图1-6 本书结构

不难想象，今天的人工智能对人的生存的诸多影响，既有有利的一面，

---

[1] [奥]弗洛伊德. 梦的解析[M]. 高兴, 成熠, 译. 北京：北京出版社, 2008:8-11.

也伴随着不利的一面。人们在今天及未来的生存过程中，无时无刻不在或主动或被动地与人工智能之间建立起这样或那样的关系。由于这种关系的"双重属性"，使得人类如何辩证地看待人与人工智能之间的关系成了人工智能时代的终极议题。对这个问题的不同回答，将会对人工智能的进一步发展和人类在智能时代的生存产生不同的影响。

因此，本书从人工智能与人的生存这个大的命题出发，围绕人工智能对人的生活、精神和发展的重塑这三个维度而展开，进行各自相互独立的板块叙述。在对人们日常生活中的人工智能应用的一些困境和出路进行分析探讨的同时，带有一定的人工智能伦理与价值普及的目的，以化解人工智能时代人们"不能承受之轻的存在主义焦虑"，从而促使人们以更加积极的心态、更充分的准备应对人工智能时代的到来。

在新时代，人工智能不能仅成为少数专业人才的"独舞"，而应该是人民群众的"共舞"。但由于人工智能专业技术与理论类书籍绝大多数是非专业人士很难读懂的，这对于人工智能知识的传播无疑是不利的。本书与人工智能的专业技术、理论类书籍不同，其写作并没有将笔墨的重点放在对人工智能的技术探讨上，而是聚焦于启迪公众能够形成对智能时代的理性看法，激发读者的创造性思维，培养读者的智能素养，从而更好地在智能时代生存和发展。

第一部分

重塑生活形态

第二章

出行：无人驾驶汽车你敢坐吗

无人驾驶汽车成为"网红"：一批大公司正在蹭热度
人们最关注的问题：无人驾驶汽车安全吗
"电车难题"：无人驾驶汽车将怎样选择
"大数据悖论"：无人驾驶汽车的出路
无人驾驶汽车上路：不仅仅是安全问题

  无人驾驶汽车从实验室走出来进入公众视野，展现的是传统驾驶汽车领域中的颠覆性变革。在未来的城市，驾驶员的双手即将从方向盘上解放出来，那些因为醉驾、疲劳驾驶、公交车司机与乘客冲突等造成的悲剧，将不再发生——安全、舒适、便捷、高效的目标正在实现。当无人驾驶技术成熟，全世界实现无人驾驶汽车的量产并投放市场时，按照谷歌的预测，每年全球有近123万人不再被交通事故剥夺生命——这是人类交通史上多么伟大的历史时刻！

一、无人驾驶汽车成为"网红":一批大公司正在蹭热度

"网红"是"网络红人"的简称,大致经历了文字网红、图文网红、宽频网红三个阶段,是随着互联网而产生的新事物。网络技术的发展,尤其是移动互联网的广泛普及,为"红人"们展现自我提供了广阔的舞台。因此,相较于传统的"红人","网红"必然带着网络时代的印记,他们依托互联网平台的巨大传播优势,满足了很多人的好奇心和审美情趣。有的"网红"凭实力,有的"网红"凭运气,有的"网红"凭长相……各显神通,共同塑造了网络时代的视听盛宴,平添了网络空间的热闹气氛。

这场盛宴,不仅捧红了天赋异禀的"红人",更不断外延着"网红"这个词的本来意义。今天,"网红"已经不单单用来形容人,更成为"高关注度"的代名词,与诸多领域皆有渊源,如网红机器人、网红汽车、网红歌曲等。

正因如此,人工智能的崛起催生了无人驾驶汽车热,其热度目前可以与"网红"挂钩,无人驾驶汽车已成为"网红"。众多顶级公司不断关注无人驾驶汽车,"高关注度"的背后意味着什么?是无人驾驶汽车带来的巨大机遇,还是仅仅是个网络噱头,只为赚取"流量"收入?

无人驾驶汽车不断"热出"新高度。目前,很多科技巨头公司,如百度、阿里巴巴、腾讯(合称"BAT"),以及谷歌、亚马逊、特斯拉等,皆已驻足该领域,还有众多"无名小卒"跟随其后,向传统的交通领域发起了挑战。从无人驾驶自身的特点来看,这是一场已经看得到胜利曙光的市场争夺战,意味着在不久的未来,交通领域将会发生一场"蝶变式"的升

级改造。无人驾驶汽车带来的更多是值得期待的东西，如交通安全事故剧减、交通拥挤状况好转等。

谈到无人驾驶汽车，不得不首先关注谷歌对于无人驾驶汽车的研究。谷歌的带头作用，对于促使无人驾驶汽车在今天成为"网红"具有重要推动作用。一方面是因为谷歌是一家全球知名企业，另一方面是因为谷歌的无人驾驶汽车从实验室走出来进入公众视野，展现的是传统驾驶汽车的颠覆性变革，所以吸引了众多企业迅速追随其后并加快技术研发。

早在 2005 年，一位 43 岁的斯坦福大学教授塞巴斯蒂安·特龙（Sebastian Thrun）和他的团队就共同研发设计了一款名为"斯坦利机器人"的汽车。正是这次特殊的研发经验和体验，让这位教授在兼职谷歌工程师期间，推动了无人驾驶研发项目落地谷歌。到目前为止，谷歌的无人驾驶技术已基本成型。

谷歌的无人驾驶汽车是集激光测距、定位系统、车道保持、红外摄像头、车轮角度编码器等于一身的技术综合体，如图 2-1 所示。就其目的而论，主要是想借助大数据和智能技术，实现无人驾驶汽车自动化。简而言之，就是用技术手段模拟人类的驾驶技能，从而实现无人化驾驶。从谷歌研发无人驾驶的整个历史来看，其目的也不过如此。但是，如果只是这样说，人们会认为谷歌的无人驾驶技术也并无异样，技术手段实现的是对人类的模仿，那么人类驾驶员会犯的错误，无人驾驶汽车也会犯，研究无人驾驶技术的意义何在？其实不然，无人驾驶的潜在价值是巨大的，否则，谁还会花费人力、物力、财力去做这件事？

随着无人驾驶汽车前景的不断明朗，众多公司开始布局无人驾驶汽车研发战略，百度也位列其中。自 2014 年百度开始着手布局无人驾驶领域以来，在很多方面都取得了喜人的成绩。无人驾驶是靠大数据支撑起来的新领域，百度正好在这个方面有自己的优势。百度地图多年的服务，为无人驾驶技术的研发积累了大量的数据。这样，百度的大数据、百度地图、百度大脑、百度的人工智能等技术相继涌入无人驾驶领域。

图 2-1　谷歌的无人驾驶汽车

2017年7月，李彦宏乘坐无人驾驶汽车在北京五环上顺利前行的视频引发广泛关注。2017年12月，在雄安新区，百度无人驾驶汽车"Apollo"跑出了自信的步伐。这些都在某种程度上预示着百度无人驾驶技术日趋成熟。因此，在未来的城市，驾驶员的双手即将从方向盘上解放出来。这样，那些因为醉驾、疲劳驾驶、公交车司乘冲突等造成的悲剧将不再发生。2018年，李彦宏决定将开发自动驾驶汽车作为百度的首要任务。他表示："在未来通勤中，你不必再把精力花在开车上，你可以在路上吃火锅和唱歌。"

成为"网红"是需要凭借特殊的优势才能实现的，那么，无人驾驶成为"网红"，引发一批大公司不断地蹭热度，它又是凭借着哪些特殊的"本领"成就了今天的名气呢？

对于这个问题，要回归到无人驾驶技术研发的初衷上来。无人驾驶技术的研发，不单是为了把驾驶员从方向盘上解放出来这么简单，更是为了未来出行能够更安全、更舒适这一目的。在互联网、物联网、大数据、人工智能等技术的支撑下，人们的这一美好愿景的实现有极大可能性，再加上经济发展带来的交通更为拥挤的现实刺激，变革出行方式的迫切需求成为每个城市居民的愿景。所以，无人驾驶汽车研究迅速引起了全球的关注。

在万众瞩目的今天，无人驾驶开始从实验室走出来并上路，经历的"大落大起"是很多技术人员用辛勤和汗水浇灌的成果，但其对社会和公众带来的实际影响和心理冲击仍然需要经过实践才能得知。其中，最引人注目的问题是：无人驾驶汽车真的安全吗？安全，这一传统交通工具最大的问题依然延伸到了新的交通领域。因此，接下来探讨无人驾驶汽车的安全性问题，以及其未来的发展前景。

二、人们最关注的问题：无人驾驶汽车安全吗

当人们出行要选择交通工具时，首要的考虑因素就是交通工具的安全系数，然后考虑其他因素，如经济性、便捷性、舒适度等。随着大数据、人工智能技术的发展，智慧交通应运而生，尤以人工智能为支撑的无人驾驶技术最为热门，争论也甚是激烈。

众所周知，任何一项科技革命都会伴随着"双重性质"，给人类带来便利的同时，随之而产生的消极影响也会相伴而生，无人驾驶技术也是如此。对乘客而言，出行的安全性值得反思；对研发人员而言，提高安全系数需要重点关注。

自 1921 年 8 月 5 日美国发明第一辆无人驾驶汽车开始（见图 2-2），到 1989 年国防科技大学研制成功第一辆国内智能小车，再到如今的百度和华为竞相布局无人驾驶战略，近百年来，人类在无人驾驶技术的创新上取得了重大突破。各种无人驾驶汽车逐渐问世，推动了交通领域的革命性变革，使人类的出行方式即将走上真正的智能时代、无人驾驶时代。

然而，2018 年，全球首例自动驾驶汽车致行人死亡的案例在美国发生。2018 年 3 月 21 日，优步（Uber）沃尔沃 XC90 自动驾驶汽车在亚利桑那州坦佩市撞上并导致一名行人死亡，其后人们对无人驾驶汽车的安全性开始质疑。根据 PSB 研究公司和英特尔委托的一项新调查得出的结论，如今

只有21%的美国人愿意用自己的汽车来换无人驾驶汽车。此外，大多数人对自动驾驶汽车很谨慎，近一半（43%）人表示对无人驾驶汽车的安全性表示担忧[1]。

图 2-2　美国发明的第一辆无人驾驶汽车

正是无人驾驶汽车导致的交通事故，引发了公众的担忧。实际上，这种担忧有其合理性。首先，"单向度"引发的无人驾驶焦虑。一般人认为，智能机器只是在不懈地追求人类赋予的目标和价值，而不会对其行为进行拟人化的反思，更不会承担相应的责任和履行相应的义务，从而给人们塑造了一个"为达到人类赋予的目标而不择手段"的单向度无人驾驶汽车的形象。所以，人们就会认为当无人驾驶汽车行驶在道路上时，它更多的是按照程序行驶，而非像人一样需要在考虑保护自己安全的同时，还要考虑保护他人安全的道德义务。但这仅仅是传统意义上的智能交通，由于积累数据的"单维性"，造成了无人驾驶的"单向度"。简单来说，这是大数据、人工智能时代之前，机械思维带来的消极影响。

值得庆幸的是，在大数据和人工智能时代，大数据思维不仅是对机械思维的继承与发展，更是对机械思维的颠覆，讲求因果逻辑关系的机械思维由于其本身的局限性难免被淘汰，"由果溯因""由相关代替因果"的思维模式在很大程度上减轻了人类认识世界的难度。对于无人驾驶汽车的发

---

[1] http://info.auto-a.hc360.com/2018/10/241801984017.shtml.

展也是如此。

但是，不得不说的是，过去令人失望的那些无人驾驶汽车，正在以惊人的速度被淘汰，取而代之的是更加智能和安全的无人驾驶汽车。可以毫不夸张地说，按照目前的发展速度，无人驾驶的安全性很快将会大幅度提高。除了一些不可控的自然因素和人类故意的因素，事故的发生次数将会急剧减少，甚至不发生。因此，就当前的发展现状而言，无人驾驶的未来趋势是不可阻挡的。

那么，人工智能交通是如何从中汲取经验的呢？道理一样，随着人类对智能交通的认知数据的积累，原有的单向度的、只为达到目的的无人驾驶汽车，开始广泛观察周围环境中瞬息万变的数据，并能对此做出迅速的反应，其反应能力远超人类，这一点是被大家所公认的。那么，随着数据积累的多维性逐渐完备，无人驾驶汽车也就具备了多维度的视野，从而提高了其行驶过程中的安全系数。

其次，人工智能交通是社会公众对现实交通安全性的虚拟投射。对无人驾驶的安全性的质疑，是多方面因素造成的，除前文所述的单向度的机械思维（无人驾驶汽车自身的传统局限性）之外，社会公众对现实的交通安全性的虚拟投射也有较大的影响。当下，交通事故较多，出行安全的不确定性危及人们的基本生存需求，引发了人们对交通工具的焦虑心理，进而诉诸科技的进步，渴望改变现实。但是，任何新技术都不可避免地有其缺陷和弊端，也就意味着没有人们理想状态中的那么完美，这个落差在某种程度上导致人们对智能交通安全性的拷问。这虽是不可避免的，但功利主义观点似乎在说服着所有焦虑的人们，当无人驾驶汽车所带来的利益远大于损失的时候，人们应该要做的似乎就是，接受无人驾驶汽车不利的一面，并不断地通过努力谋求"利益的最大化"。

最后，"不确定性"在无人驾驶领域作祟。人工智能技术的"正向性"与"反向性"，决定了无人驾驶技术的"确定性"与"不确定性"。如果不是被少部分不法分子利用，无人驾驶的发展目标永远不可能追求技术发展的反面，但由于某些特殊的原因——这又是无法规避的，就如无人驾驶汽车的善的出发点导致恶的后果一样，同样令人费解——不确定性总是伴随着无人驾驶汽车而出现，它不可能从中完全被消除。由于不确定性的存在，人们对其过去的理解和对未来的预测总是与确定性缺乏完全意义上的符合性[1]，人类所秉持的对无人驾驶汽车发展的客观而全面的认识的优越感和自信感未能被人工智能所完全继承，因为人工智能交通深知不确定性才是唯一的确定性，人们追求"人工智能交通完全利于人类"的科学真理的道路蒙上了不确定性的面纱，无形间加深了人们对智能交通的不确定性的安全焦虑。

值得庆幸的是，不确定性对于人工智能交通而言并不可惧，因为不确定性具有不断超越自身迈向确定性的驱动力，特别是当不确定性与人类的好奇心交织在一起时，其驱动力量最为强大。正如前文所述，人工智能技术的发展是一场思维的革命——拉普拉斯决定论的挑战。正是如此，人工智能交通给其发展的不确定性留足了空间。也就是说，人工智能技术能够在最大程度上把不确定性导致的危害的可能性降到最低，甚至可以将其变为有用性（如保险行业的发展）。

经过不断的技术改进，无人驾驶汽车的安全性问题逐步被克服。2018年3月19日，图森未来计划将对外发布的无人驾驶摄像头感知系统运用于运输服务的无人驾驶汽车上。该感知系统配备了索尼最先进的汽车CMOS图像传感器，可以支持无人驾驶汽车在夜间和低能见度路况条件下的行驶。根据图森公司反映，如果可以将该项技术全面应用于无人驾驶汽车领域，可使得无人驾驶汽车使用率提高到80%以上。相较于之前美国那21%的人而言，也许随着应用的进一步升级，他们也终将成为图森公司预测的那80%以上的人之中的一分子。

总体而言，与传统的交通工具相比，无人驾驶的安全系数得到了极大的提高，其安全性主要表现在数据积累的完备性，赋予人工智能交通以更

---

[1] 李坚. 不确定性问题初探[D]. 北京：中国社会科学院研究生院，2006.

多的智慧；功利主义的强大作用，克服了人类的焦虑心理，正在尝试着接受无人驾驶的出行工具；不确定性的推动力，促使人工智能交通不断地朝着向人类有利的一面发展；无人驾驶避免了传统交通因人为失误而导致的交通事故的发生，如醉酒驾驶、疲劳驾驶、司乘冲突等，可见，无人驾驶的安全性确实有了极大的提高与突破。那么，无人驾驶的安全性又是怎么体现出来的呢？

2017年12月，为了实现零交通事故，Honda（本田）的研发子公司——株式会社本田研究所宣布，与商汤科技签订了为期5年的联合研发协议，专项研究无人驾驶技术。就在近日，根据美国科技博客 Business Insider 报道称，谷歌的无人驾驶汽车技术一旦成功应用，那么每年就能挽救约3.5万美国人的生命。谷歌的消息人士也表示，谷歌无人驾驶汽车的一个最主要目的是要减少"99%由于人类疏忽大意而造成的交通事故死亡"，这个数据意味着什么呢？

据统计，全球每年有接近124万人死于交通事故，另外还有2000万～5000万人在交通事故中遭到不同程度的伤害。但是，如果无人驾驶技术成熟，全世界实现无人驾驶汽车的量产及投放市场，按照谷歌的目标预测，那么，每年全球有接近123万人不再被交通事故剥夺去鲜活的生命，这是人类交通史上多么伟大的历史时刻！

安全问题是无人驾驶领域所有研究设计人员共同的使命，我们不能让传统的交通局限性在新一代无人驾驶领域重蹈覆辙，一致的共同努力必定能够取得喜人成绩。在2018年中国国际大数据产业博览会的"人工智能"高端对话上，有记者问百度创始人、董事长兼CEO李彦宏时说，百度无人驾驶汽车何时能够实现量产？李彦宏回答说，"安全是百度无人驾驶汽车的第一条"，并在随后播放了百度无人驾驶的安全测试视频。在视频中，行驶的无人驾驶汽车飞驰前行，突然，路边窜出一条小狗，无人驾驶汽车做到了很准确地在小狗面前停下来。这一事实，铿锵有力地回答了无人驾驶的安全性，更是百度对无人驾驶的未来的不懈努力的最佳见证。

无人驾驶汽车优越的安全性能，等待着市场的量产投入。

三、"电车难题"：无人驾驶汽车将怎样选择

1967年，菲利帕·福特在发表的《堕胎问题和教条双重影响》论文中，为了批判伦理哲学中的主要理论，特别是功利主义的"为最多的人提供最大的利益"的观点，首次提到"电车难题"，如图2-3所示。其大致内容如下：一个疯子把五个无辜的人绑在电车的铁轨上，一辆失控的电车朝他们驶来，只需片刻就将碾压到他们。幸运的是，你可以控制铁轨的拉杆，只要拉动它，电车便会开往另一条轨道上，那五个人就会得救。然而问题却在于，另一个轨道上有一个盲人，完全看不到电车向他驶来，飞驰的电车肯定会要了他的命。考虑到这些，你是否应拉杆？

图2-3 电车难题[1]

与这个思想实验类似，电车难题最早可以追溯到伯纳德·威廉姆斯提出的枪决原住居民的问题上。伯纳德·威廉姆斯做了一个假设，假设一个植物学家有一天到一个独裁的国家旅游，正好遇见20个无辜的印第安人被当地的独裁者逮捕了，并被这个独裁者以涉嫌叛乱罪，全部判处死刑。

---

[1] 360百科. 电车难题[BL/OL]. https://baike.so.com/doc/6663877-6877704.html.

当独裁者察觉到这个旅途中的植物学家的存在时，就给他提了一个建议，如果这个植物学家亲手枪决其中的 1 个印第安人，其他 19 个人就可以全部被释放。那么，这个植物学家是应该亲自枪决一个人以拯救其余 19 个印第安人，还是拒绝动手，坐视这 20 个人都被枪决？

正当这个观点普遍流传时，另一位道德哲学家，朱迪斯·贾维斯·汤姆森又提出一个假设。他说："假设你当时就站在天桥上，天桥下面是铁轨，铁轨上有 5 个人马上会被电车撞死。你旁边站着一个体形庞大的陌生人，如果你把他推下去，他会丧命，但电车可以在撞到其他 5 人之前停下来，你会选择推下这个人吗？"

自"电车难题"诞生以来，近 50 年的历史中，道德哲学家们对这个问题进行了较为广泛的探讨，但都没有得出一个确切的答案。在功利主义者看来，这个问题很简单。因为他们认为 5 个人的生命比 1 个人的生命更有价值，所以选择杀死 1 个人，救出另一条轨道上的 5 个人。然而，道德主义流派却不认同这种看法，他们认为人是目的而不是工具，5 个人的生命与 1 个人的生命无法通过比较的方式得出哪一方的生命更重要，不杀人是人的道德义务，救人也是人的道德义务。但是，在上述"电车难题"的假设中，可以较为直观地看到，道德主义者无论作何选择都会"自陷泥潭"，同时也会因不作为而导致救人的义务与不杀人的义务的道德冲突！

经过对众多哲学家和伦理学家的观点进行比较，从总体上来看，绝大多数的人还是偏向于功利主义，从而救下其中的 5 个人的观点，毕竟，道德主义者本身所坚持的观点也很难自圆其说。

对于"电车难题"的深层哲学解答那是哲学家的问题，但是当"电车难题"与无人驾驶汽车领域相关联，又应该怎样解决这个问题呢？无人驾驶汽车又将会做出怎样的选择呢？

要想回答这个问题，我们不能仅从问题本身去寻找答案，而应该聚焦于无人驾驶汽车为何会导致"电车难题"发生的问题，以及聚焦于在什么条件下会出现人工智能交通的两难选择问题。对于这个问题的不同回答，将是对人工智能遇上"电车难题"时，智能交通会做出怎样的选择这个问题的最好的回答。否则，人们又将陷入无休止论争中而不能自拔。如果人工智能真的面临这样的难题，当人们在争论的时候，或许为时已晚，其中一条轨道上的人可能已经丧命了。

人工智能交通对"电车难题"的解答，最终是可以做到跳出问题本身来进行讨论的。人工智能交通将如何实现这一点？最确切的回答就是，人工智能时代的交通，相较于传统交通而言，基本上不会遇到"电车难题"的尴尬处境。未来的人工智能交通系统，交通工具的制动系统具备可选择性，也就是刹车系统有三套或者以上，"电车难题"中的电车失控的要件很难成立。

另外，人工智能交通系统在车辆出发前就会根据定位系统、卫星智能扫描仪、路面传感器等实时反馈数据，监测行进前方的路面情况，对路面的塌方、可能的障碍物、轨道破损等情况进行实时动态监测，对正在行驶中的车辆进行调控，并在以上情况发生时，人工智能车辆的紧急制动系统将会在距离可能发生安全事故的地段的安全距离之内，就已经全方位启动车辆的制动系统，也就不会出现车辆距离事故现场很近的情形。

特别需要强调的是，随着边缘计算技术的日趋成熟，"电车难题"的解决策略越发明显。边缘计算是指在靠近物或数据源头的网络边缘侧，融合网络、计算、存储、应用核心能力的开放平台，就近提供边缘智能服务，满足行业数字化在敏捷连接、实时业务、数据优化、应用智能、安全与隐私保护等方面的关键需求[1]。从边缘计算的定义来看，其恰好满足了无人驾驶汽车实时、高效、安全等方面的要求，若是将边缘计算技术应用于无人驾驶汽车，行驶路面的具体情况将会以最快的速度反馈出来，这是云计算所不能达到的。据网易科技 2018 年 8 月 15 日报道，知名创投调研机构 CB Insights 详细描述了边缘计算的未来前景，就提到了边缘计算运用于无人驾驶领域的优势，装有高性能的边缘计算的无人驾驶汽车，能够立即对

---

[1] 360 百科．边缘计算[EB/OL]．https://baike.so.com/doc/24220297-24956115.html．

周围环境做出反应,少了数据远距离传输导致的时间差。正是这几秒的反应速度,为其两难选择赢得宝贵的反应时间。

四、"大数据悖论":无人驾驶汽车的出路

人工智能与大数据之间有着千丝万缕的联系,但总括起来,可以化用一句名言来表述:人工智能是站在大数据的肩膀上发展起来的。可以这样说,没有大数据的昨天,就没有人工智能的今天和明天。因此,谈论人工智能与智慧交通之间的联系,自然而然就要谈论大数据这个基础,甚至无法回避大数据存在的缺陷对无人驾驶汽车的影响。

大数据指导下的城市交通,由于其数据反馈的精准性和及时性,为众多穿行于城市交通线路中的车辆提供实时出行路线,在使用这个导航的人数较少时,用户普遍受益。但是,随着平台注册的车主越来越多,便利就逐渐消失,甚至产生相反的效果,在动态反馈的数据实时更新的情况下,越来越多的车主开始不断地跟随新路况调换车头,直至车主在两条不同的路线上疲于选择,最终导致其不知何去何从,大数据的福利最终演变为大数据的灾难——大数据悖论。

暂且不论被大数据悖论愚弄后的车主的心态,无法回避的一个问题是,未来人们是否可以借助人工智能来解决这个看似荒诞可笑的问题?回答当然是肯定的!那么,基于人工智能的交通变革,出路何在?

近期研究发现,当人们提起大数据与人工智能时,往往将两者分开来看待。绝大多数人对大数据的发展都持肯定的态度。当然,在某种程度上来说,这是人们对大数据的本质没有深入了解所致。另外,人们对待人工智能的态度则不然,肯定与否定的态度基本持平。这是源于人工智能处在

一个新的起步阶段，其发展不完善所致，这是再正常不过的现象。不过，正是人们对人工智能所持的这两种不同的观点，对于人工智能本身而言，是极有利于其不断发展完善的。

只要你稍微留意就会发现，当前人们对于大数据的认识基本上还停留在表层，最普遍的解释就是大数据就是指数据的"大"。那么人们是怎样理解大数据的"大"呢？主要是基于大数据的"4V"特征——Volume（数据体量大）、Variety（数据类型多）、Velocity（处理速度快）、Value（价值密度高）。但是，即便看到了这几个特征，就真正理解大数据了吗？事实不是的。自人类诞生以来，人与人、人与物、物与物的联系之中就不断生产出"数不胜数"的数据。可见，大数据的如上特征自古就有，只是近几年来研究人员进行了总结概括罢了。要理解大数据的本质，必须回到互联网世界来进行探讨。

1982年，传统的互联网NCP协议由于其互联性极弱的缺陷而被停用，取而代之的是以鲍勃·卡恩和文特·瑟夫一起发明的互联网 TCP/IP 协议被广泛运用，使得无数设备终端能够互联互通，这才最终把固有的大数据呈现出来。因此，从起源看本质，大数据的本质就可以表述为万物互联对客观性的陈述。如此看来，在某种程度上，由大数据催生的大数据产业，其本质就是在解决不同数据之间的"连接"问题：在商业领域，解决的是人与商品的"连接"问题；在搜索领域，解决的是人与数据的"连接"问题；在服务领域，解决的是人与人之间的"连接"问题等。

说到大数据相关的应用，就不得不提及大数据分析师。这是因为大数据的应用主要表现在运用数据的连接功能上，大数据本身无法进行自我价值挖掘和价值判断，数据连接背后的价值体系需要大数据分析师进行深入的挖掘，才能在应用层面将大数据的价值变现。

正是因为大数据应用产业的这一特点，才使得"大数据悖论"现象的出现，让人们陷入大数据交通的困境。但是，基于人工智能的智慧交通则不然。人工智能是基于计算机复杂网络的智能系统，它能在极大程度上克服大数据应用缺乏"自主分析"的弊端。随着大数据存储能力、数据传输能力、深度学习能力的大幅度跃升，人工智能交通在克服大数据悖论对交通的消极影响方面具有革命性的超越。

当我们回到大数据悖论对交通的消极影响的具体情境，不难发现，如果能够对整座城市的所有车主出发前的交通状况进行数据反馈，那么，大数据悖论的消极影响也就消失了。也就是说，在这个新的条件下，大数据悖论对某个时段出行的少数人或者多数人都不会产生消极影响。然而，这种情况只是一种理想状态，只有同时满足以下三个条件，这种理想状态才成立：第一，所有车主每天的行程基本固定；第二，不因其他事务而临时调转车头；第三，全城车主用车时间相同。显然，现实生活中是不可能同时满足如上条件的。城市中的交通工具，唯一能满足这三个条件的就是公交车，但所有人都会坐公交车去上班吗？答案是否定的。所以，为了让生活在一座城市中的所有人都能享受便捷而不拥挤的出行服务，这个艰巨的任务就落到了人工智能与智慧交通的创新应用上。

为应对城市交通大数据悖论，人工智能交通是这样做的：在未来，城市的交通管理系统、交通服务系统、交通基础设施数据系统、交通安全警示系统等，都将统一纳入人工智能交通系统，这个系统在具体的运用场景中表现为从源头到目的地的动态监测过程。以上下班高峰期为例，现有的大数据交通反馈系统（如高德地图、百度导航等），基本都会出现交通拥挤的情况。

当人工智能系统运用于交通领域时，城市的配套交通服务体系全部被纳入人工智能算法当中。当一辆车准备从某地出发时，人工智能交通服务系统就会将车主现有的出发地与目的地之间的3～8条线路进行数据推算，包括各条路线的基本数据，如在施工导致不可通行的数据、当前预测要经过车辆的数据、已经在行车辆的数据、近期安全事故发生次数的数据、红绿灯数量等，进行深入综合分析。在人工智能交通系统启动之后，随着人工智能交通系统自动深度学习的数据积累，人工智能支撑下的无人驾驶技术将坚持"出发地到目的地之间的距离最短原则""出发地到目的地之间的路程所花的时间最短原则"和"交通线路网上运行车辆并行数量规模最小控制原则"的原则。届时，无论是多数人出行的路线规划，还是少数人出行的路线规划，都会根据这"三大原则"重新规划路线。

这一点，看似大数据交通也可以做到，实则不然，它能做到的仅仅是数据积累，更多的预测和计算功能是由大数据分析师代为完成的。人工智能为何能够实现？这就不得不回到大数据与人工智能的关系问题中去寻找答案。

大数据与人工智能之间，既有不可分割的联系，又有相互独立的特征。如果不能正确认识它们之间的联系，你所理解的人工智能可能就是缺乏"营养"的新型数据治理工具；如果不能正确认识它们之间的区别，你就会误入歧途，将大数据与人工智能混为一谈。

大数据与人工智能的联系体现为"相辅相成"的关系。大数据与人工智能的发展是相辅相成的，大数据技术的飞速发展，促成了人工智能的第三次崛起，积累的海量数据，为人工智能的生长提供了源源不断的养分，也就是深度学习所需的数据。同时，人工智能的发展，又在发展中不断完善大数据技术，不断积累更多的数据，使得大数据的发展开始从人为处理复杂数据的劳动变为一种自动化抓取数据的过程，让大数据的价值更为高效地体现出来。

事实上，如果没有人工智能算法的发展，"实时性"作为大数据价值变现的一个重要前提就很难得到满足。因为传统的获取大数据的过程是一个耗时费力的过程，但人工智能的深度学习算法，通过数据爬虫等相关软件，已经把整个网络空间变为了数据加工的库存场所，在需要数据时可以及时获取，这就避免了很多不必要的时间成本和空间成本。

从联系的方面来看，基于大数据的人工智能技术，在相辅相成的发展过程中，将传统的大数据技术的时间成本和空间成本降到了最低，满足了无人驾驶汽车的实时性要求，并能通过人工智能的深度学习算法，将某个特定区域的交通情况全盘考虑进它的视野,这就满足了无人驾驶汽车对如上所提的"三大原则"的需求,在更大程度上规避了大数据指导下的时间局限性和空间局限性的缺陷。

大数据与人工智能的区别,概括起来主要体现在两个方面:功能定位不同,大数据主要集中在数据的输入和存储,以及厘清大数据之间的关系,人工智能则关注的是数据的应用,表现为数据的输出与价值变现;对结果的看待方式不同,大数据主要关注的是结果的获得过程,如果需要从这个结果中寻找某种未来的可能性,则需要更多的人类专家投入更多的预测分析时间。人工智能则不同,人工智能更多的是基于由数据结果而产生的关联性分析,更关注的是智能决策和学习能力的获取,对未知的领域具有极强的关联性预测能力,能够迅速调整自身与环境的适应能力,哪怕获取的数据之间只有细微的差别。另外,它相较于大数据而言,具有更高的效率和准确性,随着应用场景数据的积累,人工智能的运用模型就越发成熟和高效。

从大数据与人工智能的区别与联系中,我们能够清晰地看到人工智能的优势。对于大数据的运行速度慢、处理数据不及时、数据存储成本高、学习能力不足等缺陷,人工智能都在自己发展的领域将之变为自身的优势所在。自然而然,大数据缺陷所致的大数据悖论,无人驾驶领域的消极影响在这里似乎能够很好地得到解决。

从人工智能的优势来看,前文叙述的"三大原则"(出发地到目的地之间的距离最短原则、出发地到目的地之间的路程所花的时间最短原则、交通线路网上运行车辆并行数量规模最大控制原则)所需的系统控制能力,基本都在人工智能系统控制的范围内,只要将现有的交通领域基础设施进行更换,使得数据的感知和获取能够及时、准确,嵌套进去的人工智能深度学习算法就能从根本上实现,并且这对于人工智能来说,算不上什么难题。出行做到了真正的舒适、便捷、畅通无阻。

曾经,杭州是国内第五大交通拥堵城市。近日,经过在交通领域引入人工智能技术，目前杭州在交通拥挤名单中已经下降为第 57 名。对此，阿里巴巴就指出，这要归功于城市大脑发挥的作用，在杭州市通过路口摄影机获取的影像及汽车和巴士位置的 GPS 数据，平台将这些信息以人工智能（AI）进行收集和分析，切实防范和舒缓了交通堵塞的情况。

五、无人驾驶汽车上路：不仅仅是安全问题

无人驾驶汽车上路，其安全系数大为提高。当人们都期待着各大公司迅速实现量产的同时，不可控的因素和非法故意而为之的安全问题仍然有待探讨。不可控的自然因素是不可避免的，也是任何交通出行方式都无法精准规避的。但是，值得注意的是，在今后的无人驾驶交通领域，除技术故障带来的突发性安全问题外，其余的安全性能的提升，大部分都要将注意力从技术上转移到对不法分子的关注上，以及对无人驾驶汽车的合法性的争辩——这就不得不涉及无人驾驶汽车的伦理道德与法律问题。只有构建一个包括法律和道德在内的健全的无人驾驶服务体系，才能助力实现其"零交通事故"的未来目标，或者换句话说，就是无限地逼近这一目标。

分析无人驾驶汽车发展的伦理道德与法律问题，有助于探寻有效的无人驾驶领域的社会治理路径，而不仅仅停留在"以技术攻克技术难题"的层面上，从而使这项重大的人工智能技术在其商业化、实用化的道路上少走弯路，使其发展更健康、快速，更好地造福全人类。

从技术漏洞被不法分子利用的层面而言，无人驾驶汽车的出路何在？说到底，无人驾驶汽车是基于数据的深度学习算法的智能化系统。既然是基于数据，那么，我们在即时抵抗别有用心的不法分子的入侵时，很容易处于被动状态。已有相关研究发现，黑客可以通过入侵车载系统，远程控

制刹车和转向。同时,每辆无人驾驶汽车的信息均是整个大数据的一部分,数据一旦丢失、被盗取或遭遇黑客入侵,此类信息极有可能被恶意泄露或利用,这对于无人驾驶的打击是致命的,也是所有风险中最难以应对的。

所谓黑客(Hacker),就是指计算机顶级高手,可以随意操控他人计算机的人群。他们也是计算机专家,一旦他们恶意操控公共的服务系统,损失将是不可预测的。例如,2018年发生的几起黑客事故,北美最大的面包连锁品牌 Panera Bread 发生数据泄露,受害人数为3700万人次;New Egg 电商平台遭受网络犯罪团伙 Magecart 的攻击,受害人数为5000万人次;美国知名问答社区 Quora 遭到黑客攻击,受害人数为1亿人次……类似的攻击事件数不胜数,损失不计其数。如此种种说明,目前我们没办法保证在无人驾驶普及于城市的大街小巷时黑客能够"心慈手软"或者"回心转意",只能尽最大努力保证无人驾驶系统的安全性。这也是目前无人驾驶需要回应的最为严峻的问题。

2017年4月,英国埃克塞特大学无人驾驶汽车领域一位保险专家 Matthew Channon 就曾经写信给政府,称无人驾驶汽车将成为黑客攻击的下一个目标。这一警告引起专家们的注意。2018年5月,网络安全服务商360集团创始人兼CEO周鸿祎表示,在未来的无人驾驶领域,最担心的就是无人驾驶汽车被黑客攻击,在不经意间就被黑客劫持了。

当然,无人驾驶遇上黑客问题,并不是无解的难题。一方面,我们应该相信黑客也是有良知的,就如以色列的 Coindash 公司被黑客盗取3.7万 ETH(3200万美元),等其升值2倍后竟获黑客归还。另一方面,黑客最强劲的对手当然也是黑客,"天下熙熙皆为利来,天下攘攘皆为利往。"我们可以高薪聘请黑客作为无人驾驶领域的管理者。最后,在无人驾驶研究的领域,结合黑客技术进行软件设计,实现技术战胜技术性的恶意攻击。例如,韩国就已经开始着手布局了。根据外媒数据显示,韩国国家研究机构目前已经与嵌入式安全解决方案公司 ESCRYPT、信息技术融合解决方案公司 Han com MDS 等科技公司合作,研发新型无人驾驶技术,用于阻止黑客对无人驾驶汽车核心系统的攻击[1]。

在无人驾驶领域，无论是法律的滞后性还是黑客的恶意攻击问题，都在一定程度上反映了无人驾驶领域的发展挑战。虽然任务艰巨，但其巨大的发展优势也在不断地吸引着我们去勇敢地迎接挑战，攻克一个又一个无人驾驶难题。那么，在国内，我们在伦理、道德和法律等层面又该做些什么准备，才能更好地迎接这样一个出行便捷的时代呢？

首先，要健全相应的法律伦理规范。无人驾驶汽车作为新兴的人工智能技术潮流，具有无限的生命力，而要把其生命力最大限度地激发出来并使其更好地服务于人类，必须把发展人工智能技术与健全法律与伦理规范有机结合。在这个高度依赖科技的社会，唯有技术和规范相配合，才能使维护公序良俗和追求科技发展相得益彰，才能使技术真正地为人类服务。在这一点，由于西方国家比中国更早地进行了技术与法律等相关领域的探索，国家间的交流与沟通，甚至国际的统一标准的探讨都应该纳入无人驾驶汽车发展的议程之中。同时，要把无人驾驶汽车相关的审批、标准、违章、保险等子领域都涵盖进立法视野殊非易事。而一个足以颠覆现存世界的技术的发展，理应由各个国家、企业、社会组织携手合作、互通有无，共同探索立法善意与各方责任的界定。因此，以前瞻性的眼光，健全与无人驾驶相适应的法律和伦理规范已成必然。

其次，要建设合乎要求的智慧城市。无人驾驶汽车对于智能化的城市建设提出了更高的要求。道路建设、能源供应、制度管理、交通规则等现行的城市道路文化，都面临着必须适应驾驶工具智能化做出改变的巨大挑战。需要政府在大力推进智慧城市建设中应坚持走高新科技路线，借助市场力量和开放、高效的交流，提高智慧城市的建设效率；需要企业肩负起自己的社会责任。智慧城市建设需要各行各业努力实现跨界整合，打破信息孤岛和智能孤岛的隔阂，实现信息资源、智能技术、文化理念的协同共享，在实现效益最大化的同时兼顾对社会的回报；需要坚持机制体制创新，

---

[1] https://www.ofweek.com/auto/2018-10/ART-70109-8420-30272636.html。

推进智慧城市建设要一手抓新技术应用,一手抓体制机制创新,充分利用新一代信息技术,发挥"互联网+"和"智能+"的动力引擎作用,只有建设了相应的智能化城市,无人驾驶汽车的发展才会有肥沃的土壤,无人驾驶才能又好又快地惠及人类。

最后,要建构适应智能时代的文化。无人驾驶汽车技术作为弱人工智能的一个方面,要服务于人类,还必须与人文理念相结合,建构适应新时代的智能文化。在发展人工智能技术时,要坚持高扬人的主体地位,做到以人为本,处理好人与机器、人与科技,以及价值理性与工具理性、技术可能性与伦理合理性之间的关系,尤其要把科学精神和人文精神有机结合,"把技术的物质奇迹和人性的精神需要平衡起来";应当在大众文化中推广对无人驾驶汽车的正确诠释,以免大众由于对新兴科技的无知,而陷入恐惧的境地。例如,无人驾驶汽车可以选择知名的人物来试驾,以抓住大众的眼球,扩大无人驾驶汽车的影响力,并通过视频、图像、文字的数据资料来宣传其成果。要发挥无人驾驶社会组织的学术能力与技术控制作用。积极研究与无人驾驶汽车相关的技术、法律、伦理等问题,始终坚守住惠及大众的立场和以人为本的出发点,做到无人驾驶的发展要适应时代的人工智能文化。

第三章

医疗：人类能否实现长生不老

医疗的变革：人工智能与人的合作

传统医疗的颠覆：人类能否实现长生不老

智慧医疗：传统医疗不可比拟的优势

达·芬奇的遗产：手术机器人在质疑中前行

人工智能的魅力：医疗技术在智能时代的创新

> 人工智能在医疗领域中的应用已非常广泛，包括疾病预测、药物研发、临床诊断、辅助决策、医学影像、病历与文献分析等。相较于传统医疗，人工智能医疗兼具提升工作效率、降低工作强度、提高就诊准确率等优势。基于大数据的人工智能医疗，通过运用深度学习技术，不仅可以从宏观视角把握患者病情，还可以从微观层面做到细致入微，防微杜渐，促进医疗理念从"治疗"向"预防"转变。两者并行，留给人类一个健康的生存空间。

一、医疗的变革：人工智能与人的合作

传统医疗历经数年的创新与变革，最终还是没能战胜自身的弊端而产生质的飞跃。当下要想实现医疗领域的革命性变革，必须假以人工智能和大数据之手，待条件成熟，定能从新一代信息技术和人工智能技术的创新突破中、在人与机器的合作发展中，看到新时代医疗革命的曙光。

在原始社会，医学的发展也表现出其原始性，一切都处在摸索和经验积累的阶段——"神农尝百草"的故事或许正好说明了这一点。当原始的人类面对恶劣的自然环境时，更多的是表现出无能为力；当人们不幸染上重大疾病时，对自然的崇拜开始发挥其强大的影响力，乞求神灵保佑成为人们最大的宽慰。这个时段，人们很少借助工具用以辅助疾病的治疗，在医疗领域，工具与人的合作仅仅处于萌芽阶段。人类跨入奴隶社会、封建社会，随着社会生产力的发展和医疗经验的积累，医疗诊断技术开始发展，人们逐渐将更多的工具用于医疗领域，人与工具的合作关系逐步建立，最初形态的人与工具的融合现象开始出现。

第一次工业革命的降临，使人类社会发生了翻天覆地的变化，其社会影响之广泛几乎覆盖了包括医疗在内的整个社会生活。随着技术的演进，无数的工具越来越与人的生活密切相关，甚至已经到了人离开工具就难以生存的地步。

如果说在这之前的人与工具的合作主要体现在物理方面的话，那么，从第二次工业革命开始，电力的广泛应用彻底颠覆了人类的传统。也就是从这个时候开始，单就医疗领域而言，人类整体的医学技术有了质的飞跃，

借助物理与化学的手段而发展起来的西方医学，为现代医学的发展奠定了坚实的基础。

随着新一代人工智能技术及以基因工程为代表的生物技术的快速发展和广泛普及，人们发现，人工智能医疗器械的使用对于医学领域的创新意义重大，人们开始不断地将医学的进步诉诸科技的创新。同时，众多资本的驱动，也加速了医疗革命的突飞猛进。

从人类自身结构特点出发，人们在开始由自然性逐步延伸到社会性的过程中，逐渐意识到，人类自身的局限性对于进一步发展的限制，传统的医学借助物理手段辅助医学发展的模式得以解释。如果说过去的医学模式的发展中，人与机器的合作是一种"难舍难分"的合作的话，那么新一代人工智能技术的发展，便是把更多的独立性赋予机器的过程。或者更确切地说，人们希望从医疗领域的不确定性风险的焦虑中摆脱出来，故而不断地赋予"那些能够代替人类医生的智能机器"以更多的人类智能。

人类的追求永无止境，科技的进步永不止步。人工智能与人的合作助力医学领域的创新发展也是如此。人们越是想追求个性、自由、解放、尊严和价值，就越有潜在的动机去推动在人工智能身上寻求更多可以合作的空间，从而最大可能地把自身所拥有的智能重现于人工智能身上。

人工智能医疗目前正处在进一步发展当中，社会各界都在想方设法寻找突破口，希望能在广阔的智能医疗领域中占据一席之地。截至目前，人工智能在医疗领域中的应用已非常广泛，包括疾病预测、药物研发、临床诊断、辅助决策、医学影像、病历与文献分析等。据统计，目前国内已经有200多家公司（百度、阿里、腾讯等也在其列）开始涉足人工智能医疗领域，累计融资金额已超200亿元，这对于国内医疗的发展变革具有重要的推动作用。2019年4月12日，全国首家医疗机构医学人工智能研究院、大数据算法与分析技术国家工程实验室——智慧医疗创新中心在西安交通大学第二附属医院的大明宫院区成立，医疗"产学研"融合发展的机制正在形成。

人工智能医疗是指以大数据、人工神经网络、模式识别、深度学习等技术为基础，以标准化的医疗大数据的共享为前提的智能医疗系统。它不像大数据那样，在医疗信息化的基础上，无限地追求医疗数据的积累，也不是在数据积累后，需要人工利用传统的挖掘技术来分析医疗大数据，这在某种程度上来说，仅仅停留在医疗数据化之后的"快捷和方便"的层面。它是以一种超出你现在所能想象的模式，重新定义了从疾病的发现，到医疗数据的传递与共享，再到最佳治疗方案的选择等的全过程，并将其赋予另一种创新的元素。也就是说，我们现在所看到的关于医疗领域的一切，除了医疗机构和医生，其他的基本都被重新定义了。

从模式识别（语言识别、图像识别、射频技术、信息高级检索、手写识别等）、人工神经网络到深度学习等技术的不断发展，人工智能将彻底改变医疗领域的发展模式。人工智能借助其智能优势，能够对复杂医疗数据进行深度学习，对于当前的医疗预测、诊断和治疗具有重要意义。通过人工智能与人的合作，医疗领域的人工智能化必将能够更精准、更高效、更廉价地解释各种疑难杂症，如各种重大疾病（如各种癌症、白血病等）、慢性疾病（如糖尿病、心血管疾病等），并对其进行高效、精准的预测、诊断和治疗，从而减轻患者的经济负担、家庭压力和疾病疼痛，挽救更多患者的生命，这对患者而言无疑是最大的福音。

畅想人工智能医疗运用场景，在医疗诊断与疾病预测方面，患者完全有能力根据自己的需要求助于人工智能辅助医生决策的系统，你只需要按照系统的提示并配合机器完成相关就诊程序，就可以实现精准就诊，从而产生出符合患者个人病情的治疗或预防的方案，而不用再去麻烦一位正在给其他患者讲述治疗方案应该怎样执行的医生。

但如上这些方面，人与机器需要怎样的合作默契才能实现呢？

这需要回到人工智能机器的运用上来。人工智能时代，人与机器的合作与传统工具的使用具有较大的区别，因为传统工具的使用（如手术刀、开口器等）具有绝对联合的特点，工具是以人的一部分的角色出现的，而人工智能机器则不同，它相对于人而言具有相对独立性，在人工智能机器的运用过程中，机器的运转与人基本是分离的，要么是远程操控，要么是近距离指挥，这对于操作失误的破坏性的发生与灾难被阻止之间存在更长的时间间隔——待阻区间（笔者自命名）。如果机器与人之间的合作没有达到"人机一体"的境界，则随着人机合作熟练程度的由高到低，待阻区间的灾难损害程度就会恶性蔓延，如图3-1所示。

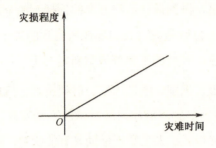

图3-1　待阻区间函数

因此，要想利用人工智能与人的合作推动医疗的变革，还需要从以下几个方面来促进人与机器之间的合作"一体化"：第一，熟练地掌握人工智能医疗工具的运作原理，未来不懂人工智能的医生不是好医生；第二，在具体操纵人工智能医疗工具之前，必须有足够的训练课程，以帮助医生完全熟练地掌控机器，以达到人机合一的熟练程度；第三，操作人工智能机器人的医生，需要有极高的医学素养，能够在机器运行中把控机器人走正确的手术流程，或者能够在机器操作失误时准确判断失误的存在及位置，并迅速进行矫正；第四，医生要具备健康的身体、心理素质，以保证在使用人工智能医疗工具的过程中不会因身心不良导致医疗事故的发生。

这些都是人工智能医疗领域，人工智能与人的合作过程中应该具备的基本素质。人与机器的合作，历来对于医疗的发展都具有推动作用，虽然不同的历史时期有不同的合作方式，但怎样发挥其优势，避免其消极影响却是一门大学问，这在人工智能医疗发展的过程中需要引起高度关注。

随着人工智能与医疗领域的深度融合，人工智能与人的合作默契不断提高,一场传统医疗领域的危机战正在打响,这是一场未来之战,一场生存之战,传统医疗领域的颠覆,正在无声无息地进行着。

二、传统医疗的颠覆:人类能否实现长生不老

1943 年,美国著名心理学家亚伯拉罕·马斯洛在其《人类激励理论》一文中提出了人类的需求层次理论,将人类的需求按层次从低到高分为生理需求、安全需求、社交需求、尊重需求和自我实现需求,如图 3-2 所示。

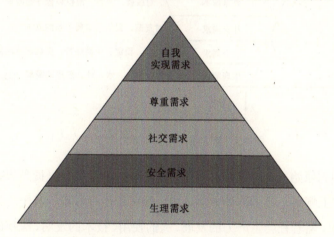

图 3-2　马斯洛需求层次理论

从马斯洛需求层次理论来看,人的呼吸、吃的食物、喝的水、机体平衡、排泄及睡觉等,构成了人类最基本的生理需求。这些是人类能够维持其生命体征的最基本的需求,缺乏其中之一,人类都将难以继续繁衍生息。当最基本的生理需求得到满足之后,人类的需求开始不断地尝试着向安全需求、社交需求、尊重需求等更高阶的方向前进,最终迈向自我实现需求。

如果对人类需求进一步进行研究,我们不禁会问:当人们已经满足自

我实现需求时,还会有何期待?思考当今医疗中的过度治疗,就会明白,其实,人类在自我实现需求之上,还有一个更为深远的需求——长寿的需求。

长寿到多少岁这个具体数据没有办法准确给出,因为人们对长寿的定义都希望是"永生"!从图 3-3 所示的更详细的马斯洛需求层次理论中是不是会受到一点启发?

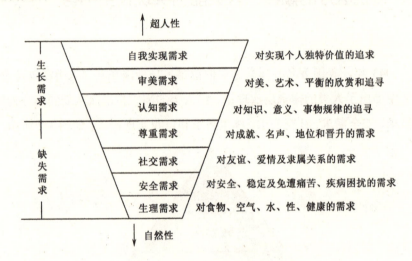

图 3-3　更详细的马斯洛需求层次理论

追溯到原始社会,住在山洞里、吃着生冷的食物、采摘野果、四处打猎、吃完上顿愁下顿的原始人类,由于恶劣的生存环境,其平均寿命只有 25～40 岁。随着社会生产力的发展、火的使用、技术的发明、医疗的进步,人类的平均寿命在不断延长,以至于古书《内经》的作者认为,人的自然寿命应该在 100 岁左右,而在《老子》一书中则认为,人类的寿命为 120 岁。可见,在当时的社会条件下,已经不乏长寿之人,这才让人们推测理想中的人类寿命极限。

回到当代,当今也有不少医学理论认为,理论上人的寿命为 120 岁。但遗憾的是,绝大多数的人总是在生命进行到大半时就已经戛然而止。据世界卫生组织最新公布的人类平均寿命的数据显示,中国人的平均寿命为 76.1 岁。

上述平均寿命推测，只是基于人类无法改变的客观现实而推出的理想状态，但这些数据远不是人类的目标，人类的目标是希望长生不老。在中国古代，关于人类追求长生不老的故事很多。早在秦始皇时代，他命人寻找"长生不老药"的故事就已流传于世。据说在公元前 219 年，有一个住在山东半岛的当地"方士"，人称徐福，就是专门为秦始皇寻找长生不老药的人。类似故事在国内外比比皆是，孙悟空大闹地府撕毁生命簿得以长生不老的故事更是妇孺皆知。总而言之，历朝历代历经无数探索，从秦始皇寻药开始，到炼丹炉的发明，再到宋朝的长生不老果的故事……无不体现人类在更深层次上的需求——长生不老。

时至今日，长生不老依然是人类梦寐以求的目标。回到人工智能与医疗结合的现实上来，人工智能医疗可以说是对传统医疗的革命性颠覆，人类是否可以在人工智能的高级阶段实现长生不老呢？

对这个问题的回答，不同的研究者有不同的见解。总的来说，分为两种不同的观点：第一种观点认为，不可能；第二种观点认为，人工智能可以实现这个目标。

人工智能的第三次崛起，为医疗领域的变革带来了巨大机遇。人工智能的加入，使过往的排队挂号、预约看病等所花费的时间，都可以全部被应用于其他方面，给医疗的变革带来了新的活力源泉。据悉，早在 2017 年 2 月，微软公司就与匹兹堡医疗服务中心合作启动了 Heath Care Next 的医疗项目，深入研究如何运用人工智能系统帮助人类分担医疗从业者的工作负担。

进行更深入的探究，如果要将人工智能运用于帮助追求人类的长生不老的梦想，前文提到的观点中，我们是支持第二种观点的。但是，当人类真正实现这个目标后，所产生的一系列伦理危机和道德冲突，很可能将人类彻底毁灭，在某种程度上来说，这大大阻碍人类实现长生不老的进程。

目前，在美国加州大学圣迭戈分校，约翰·克雷格·温特创办的人类长寿公司正在尽最大可能的努力,为制药厂和基因技术有关的创新提供帮助。如果有一天,基因技术取得突破性进展,真能在创新基因编辑技术的过程中,探索到导致人类衰老的基因,并能对其进行干预,以及促进长寿基因的不断再生长,人类将可以实现长生不老的目标。2019年4月7日,由南京大学、厦门大学和南京工业大学组成的科研团队在杂志《科学世界》上发表了一篇论文宣称,他们已经开发出能够对人类基因进行编辑的技术——"基因剪刀"。这个技术的功效在哪里?它能够实现对人体的某些病毒基因进行编辑和更新,进而对其进行基因替换,能够帮助人类实现长寿的目标。

2019年4月19日,耶鲁大学突然宣布,他们已经成功让死亡4小时的猪大脑复活。这个消息在《自然》杂志发布后,彻底颠覆了人类对死亡的认知。

据参与本次实验的科学家介绍,他们借助一套名为Brain Ex的系统,向猪大脑的脑细胞输送营养和氧气来模拟血液流动,让已经死亡4小时的猪大脑又复活了6小时。死而复生?这个新闻可谓对人类死亡观念的颠覆。本次实验虽然只是延长6小时的大脑生命,但这只是这项技术的开始,如果经过逐渐完善和改进,复活的时间将会无限期延长,100年后,也许死而复生已经成为常态。

2019年4月20日,以色列公布,从患者的人体组织和血管中取样而研发出的人造心脏实验宣告成功。这个人造心脏包括细胞、血管、心房和心室等,据以色列研究团队介绍,该人造心脏的原材料是具体患者的组织,如果将该心脏用于患者,基本是不存在排异现象的。

自然规律是客观存在的,人类无法创造和改变客观规律,但人类可以创造条件充分利用自然规律。美国人工智能专家雷·库茨维尔认为,在2045年,人工智能的创造力将达到发展的顶峰,超过今天所有人类智能总和的10亿倍。到那时,人类通过人工智能基因编辑技术,将彻底改造人类基因的序列,人类上千年不再使用的陈旧基因将被抛弃,我们的生命将升级为一个更高级的生命系统。同时，随着人工智能与医疗领域的深化融合，如果人类能够在医疗技术的创新进度上超过重大疾病病毒的进化速度，那么，人类最终将能够实现长生不老。

此外，还存在另一种实现长生不老的可能。人工智能的深度发展是建立在人类神经科学基础之上的，对神经科学的科学解释程度，决定了人工智能发展的深度。人工智能深度学习技术的发展，将会催生可以寄托和转移人类意识的智能机器人。人类在"血肉之躯"终结时，可以选择将自己的意识存储于虚拟世界中。若是条件成熟，存于虚拟世界中的意识又能重返可以寄托的肉体。

大脑死亡就用大脑复活技术，心脏坏了就换用人工心脏，组织器官衰老就换新的器官，在生命衰老之前已经对衰老基因进行了人工筛选和编辑……技术的力量是无穷的，人造心脏、基因编辑、死亡大脑复活、意识转移等，传说只存在于科幻、神话中的梦想，如今开始进入大众视野。若是各项生命技术能得以不断发展，人类的"永生之梦"就指日可待了。

三、智能医疗：传统医疗不可比拟的优势

2017年4月，百度宣布对医疗事业部进行重大改组，对医疗业务进行组织架构调整和优化，集中优势资源，将医疗业务的重点布局在人工智能领域。消息一经传出，立刻引起业内人士的热议，也对其他大型企业产生了一定的刺激作用。毕竟，现有的医疗领域需要解决的问题很多，需求很大，正所谓："哪里有需求，哪里就有市场。"

但凡在大医院住过院或者去大医院照顾过家属的人，都会对医疗领域的弊端有深切的体悟。很多"医患矛盾"也是因传统医疗的"沟通机制"

和医疗数据不对家属进行开放共享所致。因此，近年来社会各界开始思考，如何运用新的科技，尤其是互联网、大数据、人工智能，去突破传统医疗领域的弊病，已成为当前研究的一个热点问题，也是现实中需要解决的一个迫切问题。

在人工智能医疗到来之前，医疗领域存在的问题主要表现在如下几个方面。

第一，医疗资源过于集中，三级甲等或以上的大医院都集中在省或市级层面，大医院本来是专门治疗各种危急、紧急病人的。但在城市里普遍表现为小病也往大医院跑，再加上很多农村的乡镇医院现在只接收跌打损伤、感冒发烧的病人，其他的病人也全部挤进大城市的大医院，导致医疗资源严重不足，突出表现就是"看病难，看病贵"。

第二，"以药养医"的现象较为普遍，增加了患者的经济负担。过往的一些医生是按需开药，现在很多医院是按照最贵的治疗方法来开药，很容易超出患者的实际需求。

第三，就诊、会诊不准确、不集中，医疗专家跑来跑去，把照顾病人的家属折磨到非常焦虑的状态。

上述只对医疗领域现存问题的表象做了简单的描述，但已看出了对医疗变革的迫切需求。正是这种需求的迫切性，呼唤着将互联网、大数据和人工智能运用于医疗领域以实现医疗体系的"转型升级"。

与人工智能相结合的新一代人工智能医疗系统会有哪些优势呢？当然，在讨论人工智能医疗的优势之前，不得不声明的是，人工智能医疗系统的运用并不是万能的，依然会存在一些医疗问题，只是相对于传统的医疗体系而言，其在各方面都有了质的跨越。

传统医疗领域的资源过于集中的问题，在传统的领域寻找方法很难突破，但随着人工智能技术的不断发展，资源过于集中导致的问题就得以解决了。人工智能与医疗领域的结合，医疗的会诊、就诊和治疗方案等都不再需要众多的医疗专家进行分类诊断，或者集各家之长后再综合判断患者病情，而是基于人工智能的医疗系统统一依托深度学习的技术进行迅速诊断。

2017年2月4日是世界癌症日，沃森机器人医生来到天津市第三中心医院参与为癌症患者举行的义诊，患者从四面八方慕名而来。在现场，沃森一起为一位胃癌局部晚期患者做诊断时，当医务人员把病理数据"讲述"给计算机里的助手沃森，包括治疗史、分期特征、转移位点、危重病情况等，沃森医生"思考"了不到10秒，在计算机屏幕上就开出了一张详细的西医诊疗方案分析单。这就是未来的人工智能医疗就诊场景的现实版本。

从沃森机器人医生就诊场景来看，人工智能医疗不仅有利于解决传统医疗领域的问题，而且很多传统医疗领域本身存在问题的领域，现在全部变成了优势领域。当人工智能医疗越来越普及的时候，其市场竞争必然会致使生产成本下降，销售价格也会被不断地往下压。届时，人工智能医疗就诊系统也能走进乡镇诊所，在原来的大医院可能需要七八个专家的意见才能确认的病情，现在只需要一个懂得向机器人汇报病情和能看懂机器人治疗方案的医务人员就可以完成原来众多专家的工作。更为可喜的是，其诊断质量还有可能超出那些专家。

另外，那些原来在医院负责接送病人就诊的工作人员，以及病人家属跑来跑去拿数据的路程等绝大多数需要跑腿的工作，已经全部被这台机器人医生所取代。同时，依托远程医疗技术平台，可以实现散点式布局医疗网络就诊窗口，通过远程数据采集与分析，解决医疗资源分布不均和医疗资源匮乏等问题。

在人工智能医疗系统普及后，我国的医疗领域将全面升级换代，将有利于资源共享，解决医疗资源短缺问题；将有利于"病例互通"、实时调阅、积累人工智能医疗系统的深度学习的数据，从而全面提高临床医疗就诊水平；将有利于人工智能医疗技术创新，就医全程数据化输入，有利于提高管理水平，降低医疗成本；将有利于"灾备储存"，避免不必要的损失，医疗数据的丢失造成的损失几乎为零；将有利于"错误警示"，提前预防医疗安全事故;将最终有利于惠及患者,提高患者治疗满意度,避免医患纠纷。

概括来说,人类天然具有对"庞然大物"的敏锐直觉,但对于细微处的变化却显得有些愚钝。在医疗领域更是如此,人类深知健康的身体是"革命的本钱",但往往只有当病情发展到身体开始出现排异时才开始"寻医问药",这就意味着在人们感觉到自身有就诊需求时,病情已经恶化到一定的程度,或者说是不得不采取治疗措施的地步,更有甚者,已经是"病入膏肓"。

但随着人工智能技术的发展,这一现状正在得到改善。在强大的人类医疗需求的刺激下,人们开始尝试着将人工智能技术应用于医疗领域,这无论是对患者而言还是对于健康人士而言,无疑都是福祉。人工智能医疗相较于传统医疗,兼具效率高、工作强度低、就诊准确率高等优势,基于大数据的人工智能医疗,通过深度学习技术,它不仅可以从宏观视角把握患者病情,还可以从微观层面做到细致入微,开始彻底地实现医疗理念从"治疗"向"预防"的转变,两者并行,留给人类一个健康的生存空间。

四、达·芬奇的遗产:手术机器人在质疑中前行

恩格斯曾热情歌颂文艺复兴,称"这是一次人类从来没有经历过的最伟大的、最进步的变革,是一个需要巨人而且产生巨人——在思维能力、热情和性格方面,在多才多艺和学识渊博方面的巨人的时代"。在恩格斯所列举的"巨人"中,达·芬奇是最耀眼的明星。

达·芬奇是文艺复兴时期伟大的艺术家和科学家,他将艺术、科学、技术和想象力融为一体,给人类留下了《蒙娜丽莎》《最后的晚餐》这样

的艺术杰作，而且他是一位思想深邃、学识渊博、多才多艺的天文学家、发明家、建筑工程师。他还擅长雕塑、音乐、发明、建筑，通晓数学、生理、物理、天文、地质等学科，既多才多艺，又勤奋多产，保存下来的手稿大约有6000页。

源于达·芬奇设计的仿人形机械图纸被发现后，激发了一些意大利科学家的浓厚兴趣。经过这些科学家15年的刻苦钻研，终于将达·芬奇仿人形机械图纸变成了现实版的机器人——"机器武士"机器人。这个机器武士机器人很可能就是达芬奇手术机器人最古老的版本，并于2010年5月在澳大利亚悉尼市政厅内首次展出。因达·芬奇所生活的年代比第一次工业革命早200多年，在当时尚没有智能机械动力能够代替手工劳动，所以，这款机器人的驱动力自然就需要依靠大自然的恩赐，如风能或水力的驱动等。

随着科技的进步，达芬奇手术机器人得到了进一步的改进，并被赋予了机械动力，使之更方便人类的使用，这在医学领域表现得最为突出。达芬奇手术机器人是以麻省理工学院研发的机器人外科手术技术为基础的，并经过后期的一些技术改进，最后经美国食品药品监督管理局（FDA）的批准，得以应用于医学临床手术，2015年5月，因流传于网络的该款机器人缝合葡萄皮（见图3-4）的视频走红而为世人所熟知。经后人持续改造和完善，达芬奇手术机器人虽然早已可能失去了它原来的"机器武士"的模样，但其能有今天的发展，完全离不开最初的原型的贡献。

从狭义的人工智能领域来看，目前已有的达芬奇手术机器人似乎还不能完全被定义为人工智能机器，因为它在手术过程中的每个步骤都离不开专家的亲手操作。但由于以机器作为中介，将医生与患者之间的距离拉开，这个场景依然不是传统的手术场景，它更像独自完成了一整台手术的主角。因此，我们暂且从广义的人工智能领域将其定义为人工智能手术机器人。

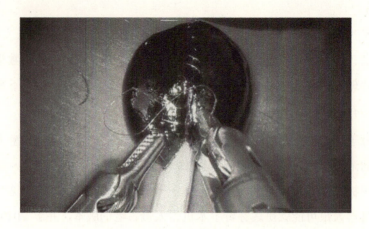

图 3-4　达芬奇手术机器人缝合葡萄皮[1]

提到达芬奇手术机器人，不免会让人有些担忧，毕竟机器与患者之间的默契还没有完全形成，再加上有达芬奇手术机器人手术操作失误致使患者身亡的消息流传于网络，未免令人担忧。2015年2月，英国首例达芬奇手术机器人被应用于医疗临床手术，对患者进行心瓣修复手术，原本是一场最尖端的医疗人工智能技术展，没想到却成了一场鲜血四溅的惨案，机器人把病人的心脏"放错位置"，还戳穿大动脉，接受手术的患者在术后一周去世，最终，英国首例机器人心瓣修复手术以失败告终。无论这次手术的失败是人为失误造成的，还是机器本身的故障，都无形中给人工智能机器人运用于医疗提出了挑战，对社会公众的心理也造成一定的隐形创伤。

正因如此，如何调和人工智能机器人与患者之间的关系，成为将人工智能机器人应用于医疗领域必须首先回答的问题。可以毫无疑问地说，没有谁愿意在医疗领域用自己的生命去与机器人的安全性的不确定性进行博弈，因为这样做的代价实在超出了人们可以承受的范围。

然而，随着人工智能技术的不断发展和完善，从人工智能医疗的总体功能来看，其优势是很明显的，人工智能医疗产业的发展前景势必光明。

据 Winter Green Research 报告称，早在 2014 年，美国手术机器人市场

---

[1] 广州日报. 超先进外科手术机器人竟能缝合葡萄皮[BL/OL]. https://www.guancha.cn/Science/2015_05_12_319165.shtml.

规模达到了 32 亿美元。报告还进一步指出，由于政府医疗投入的加大，医疗系统重组和人们对微创手术意识的加强，未来市场重心将逐渐往亚洲市场转移。伴随着下一代人工智能设备、系统和器械的创新，手术机器人将从目前的大型开放手术，覆盖到身体中的微小部分，预计到 2021 年将达到 200 亿美元。

在中国，人工智能医疗市场上的手术机器人不止有达·芬奇，国产的手术机器人"四小龙"（Remebot、天智航、妙手机器人、金山科技）也在不断扩大其市场份额。目前，国内的手术机器人的主要产品是神经外科机器人，医生在该机器人的帮助下，可以实现微创、精准、高效的无框架立体定向手术。

早在 2015 年，李克强总理就已经在世界机器人大会上表示，中国将促进机器人新兴市场的成长，创造世界上最大的机器人市场。2018 年 9 月 28 日，广东碧桂园集团以 13.4 亿元的代价竞得其总部附近，位于广东省佛山市顺德区北滘镇碧桂南路北侧一地块，占地面积 23.3 万平方米，未来将建成一座机器人谷。其中，地块 A 区为科研用地，折合楼面价 965 元/平方米；B 区是商业及居住用地，折合楼面价 1943 元/平方米。

按照计划，碧桂园将在顺德区北滘镇打造 10 平方千米的机器人谷，预计 2023 年建成，未来将引进 1 万名全球顶级机器人专家及研究人员。单这个案例就足以显示机器人市场对资本市场的吸引力和机器人产业在中国的蓬勃发展之势。

从达·芬奇手术机器人的发明开始，人工智能手术机器人遭遇了许多质疑和瓶颈，但由于人工智能机器人在微创手术领域的领先优势，使得手术机器人的发展不仅没有停滞，反而呈现出加速发展的趋势。应该相信，随着人工智能技术的不断发展，人工智能医疗系统将不断发展和完善，并最终能在医疗领域的各个方面实现全方位赶超医学专家的就诊水平。到那时，过往的对于达芬奇手术机器人的种种担忧，就可能成为不必要的焦虑。当患者在术前进行手术风险签字时，也许就会再三强调，需要人工智能系统给自己做手术，而不是让专家亲自动手给自己做手术。

五、人工智能的魅力：医疗技术在智能时代的创新

随着基于大数据、云计算、智能算法等的人工智能的学习、归纳及推理能力的提升，人工智能的魅力和优势得以凸显。大数据的价值主要在于其充足的信息量，有助于人们利用人工智能工具发现事物的本质，以及事物之间的相关关系。基于此，人类就可以在人工智能的深度学习中进行有价值的创新探索——这种探索同样也适用于人工智能与医疗领域相结合的技术创新。

目前，波士顿生物医疗公司的 BERG 人工智能系统，通过对癌症患者和健康人身上采集的样本，试图在 14 万亿个数据节点中找到能够"对症下药"的那些关键节点。而要做到这一点，必须借助人工智能系统，在海量的数据节点中寻找某种内在的联系来推动技术的创新。虽然人工智能要形成完全的诊疗能力还需要很长时间，但其已经影响到了医疗行业的工作模式，让新药研发、病理诊断等工作变得更加高效。因此，未来的新医疗技术的创新也更加依赖于人工智能。

2017 年上半年，美国斯坦福大学的一个联合研究团队利用人工智能技术，基于 13 万张皮肤病变的图像数据，最终结合人工智能的深度学习技术，对皮肤癌诊断机器进行了创新，其诊断的准确性几乎与人类专家一样。可见，随着深度学习的数据的不断增加，其诊断的结果会越来越准确，最终超过人类专家的医疗诊断水平肯定是没有问题的，并且目前已显示出超越的势头。

在人工智能医疗领域，技术创新不仅体现在创新医疗的治疗技术方面，

还体现在创新医疗预防技术方面。随着视觉识别技术、人工神经网络技术、深度学习技术的不断发展完善，数据资源的不断积累，医疗预防技术的创新发展会逐渐成熟，人类只需要借助智能可穿戴设备所组成的人工智能疾病预防检测系统，就可以对当前的健康状况做出一个总体的汇报，这个有点像人们去医院做的体检报告。但更为厉害的是，这个检测系统会根据当前各个数据之间的相关性，推测个人的健康走向，能够指导人们近期的疾病预防措施，从而做到早预防、早医治。

当前我国农村普遍存在一种现象：人们只有在病情最严重的时候才寻医问药。往往这个时候，如果是重大的疾病，基本已经达到极度危险的地步，错过了治疗的最佳时期，这是对健康缺乏预防的典型，最终不知酿成了多少遗憾。

随着人工智能疾病预防检测系统的日渐成熟及成本越来越低，不发达的农村地区也可以借此系统做到早预防、早打算，而不是不预防。可见，人工智能医疗技术的创新，不仅在治疗领域可以进行，而且在疾病预防领域也可以进行技术创新。"人工智能+预防创新+及时治疗"的医学模式，对于维护人类的健康无疑是一大福音。

当然，在看到人工智能带来的技术创新优势的同时，还需要预防技术创新陷阱。人工智能主要分为三层（见图3-5）：基础层由云计算、算法芯片等组成；中间层由计算框架、图像识别、语音识别等组成；应用层主要是指相关的产业运用人工智能的状况。在这三个层面，技术创新的主体差别巨大，与智能产业相关的应用层的技术创新，可以是各行各业各取所需，各自专注于将人工智能与本行业相结合，推动行业的技术创新，从而为赢得市场先机做好准备，如人工智能医疗手术机器人、人工智能门诊等。但是中间层和基础层则不同，基本上已被人工智能行业巨头所垄断，所以，它们拥有绝对的话语权和领导地位。换句话说，人工智能医疗技术的创新，是由人工智能行业巨头公司来领导的，对于人工智能医疗领域的从业者来说，他们能够做的就是顺应变革的趋势。

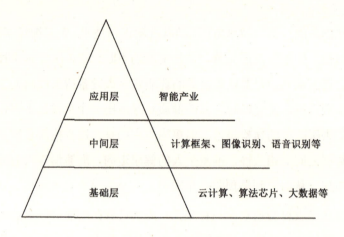

图 3-5　人工智能金字塔

  这就告诉我们，人工智能医疗技术的创新，不仅是技术创新的问题，还要注意全球的舆论引导、伦理规范与制度规约问题。如果领头的人工智能医疗技术创新跑偏了方向，受到扭曲的价值观的诱导，医疗技术创新沦为资本的附庸，对于医疗领域来说是一场灾难，其他各行各业也将会被牵涉其中。因此，人工智能医疗技术的创新，要能够清楚地回答技术的创新究竟需要实现什么样的价值，这个价值是否是人类共同的价值诉求。人工智能医疗技术的创新，本质上是要解决医疗服务的需求问题，所以万不能以另外的动机为创新的原动力。

  总的来说，人工智能与医疗技术的创新，是要服务于社会的，是要满足广大社会公众需求利益的。人类如何利用好人工智能，创造更加美好的技术创新的未来，为自身的健康带来更多的有益的成果，这是医疗技术创新所希望达到的。

第四章

购物：人工智能与新零售的崛起

新零售的崛起：合力推动的结果
"前所未有"的购物体验：这是怎样的感觉
"智能+"时代的零售业：新与旧对峙的启示
新零售的头号劲敌：隐私泄露的综合治理

新零售是基于大数据和智能技术的产品与服务的销售，是零售与消费者最佳体验的链接，更是贴近于消费大众之"心"的零售。在"人工智能+零售"的时代，"货比三家"已经发展到可以轻松完成"货比三十家"，消费者的购物体验正在走向极致。体验来源于技术，更来源于零售商对消费者的敏锐洞察，体验更加趋向于细节化、个性化。在智能时代，谁能掌控消费者的个性化情绪体验，谁就将在与传统零售业的对峙中胜出。

一、新零售的崛起：合力推动的结果

零售是指基于货币为中介的生产者与消费者的商品交换活动，是商品离开流通领域进入消费领域的一般过程，是与批量销售（"批发"）相互补充的销售形态。严格来说，零售是继批发链条后的分销链条，消费者的身份从零售商演变为"以实用为准则"的消费个体。当商品进入消费个体占主导地位的消费领域，商品基本上不再流入市场进行二次交换。但也存在特殊情况，如果商品非常耐用或者消费个体在消费该商品后发现，其实用性能够被更好的商品所取代，那么，通过特定的商品的二手交易渠道，商品可以再次流入市场，这要得益于便捷的网络，使之成为可能。

零售自诞生至今，主要经历了三种形态。最原始的一种零售是基于面对面的物与物的直接交换。在这个交换过程中，消费者扮演两种角色：一种是消费者角色，作为消费个体，当物品交换成功后，他们将成为货物的主要消费者；另一种是零售商的角色，这个角色的根源在于，在商品交换的过程中，由于没有一般等价物作为交换媒介，所以，他们只能将自己的商品拿去与他人进行交换，其中不仅充当了消费者的角色，同时也是在销售自己的产品。

第二种零售形态是面对面的"商品—货币—商品"的交换。随着社会生产力的发展，最原始的商品交换形态的缺陷日渐突出，人与人之间的商品交换的困难越来越大。恰好在这时，一种新的一般等价物的出现，改变了第一种零售的销售格局，零售的形态过渡为以一般等价物（货币）为中介的面对面交换。生产力的发展使社会的消费品越来越多，人们的消费需求开始增加，对新的消费品的需求激增，但已积累起来的消费品只是单方面需求的满足，不能顺应消费者更为多样化的需求，因此就不得不求助于零售商。找到零售商时，消费者可以使用货币向其购买需求商品，也可以通过卖自己的物品给零售商，再将货币用于购买其他的消费品。

在零售过程中，面对面的零售形式变得丰富起来，加上原始的物物交换的零售形式，消费者在其中扮演的身份是两重性的，消费者在面对面消费的过程中，也是零售商与零售商的面对面。但是，在后一种以货币为中介的零售形式中，面对面的零售增加了新的形式——独立的零售商，使得零售活动发生时，消费者与零售商的面对面也加入进来。

第三种零售形态是网端对网端的"商品—电子货币—物流—商品"的交换。互联网的诞生并没有直接导致第三种零售形态的产生，而是由于技术、需求、文化和市场等因素的影响，特别是电子货币的发明创造，为此种零售注入了"鲜活的灵魂"，才使最新一轮的零售形态得以产生。正是以互联网平台作为载体，电子货币得以充当现实一般等价物的职能，电商、微商开始崛起，并且持续到今天都仍然占据着较大的市场份额。互联网电商是网络"流量经济"的代表，而微商是网络平台"熟人生意"的代表，两者在交易的形式上，已经是对以往的零售方式的变革，但也存在一定的"缺陷"。

微商是做熟人生意的，存在流量不足的问题，限制了消费空间。并且，在销售的过程中，如果存在带有"脾气"的交易，则会严重影响零售商的口碑，甚至永远失去消费者的信任。同时，微商和电商又都存在假货问题，由于端口对端口的零售方式，人与人之间的面对面交易的方式被替代，加之消费者维权困难等问题，少部分不讲信用的零售商趁此机会，开始兜售假冒伪劣产品，大大影响了消费者对于第三种销售形态的信心。

但是，不得不承认的是，第三种零售正是本书探讨的新零售的雏形。随着这种零售技术（支付技术、安全技术、物流技术等）的不断发展，线上销售与线下销售共存，零售与物流结合。2016年10月13日，在阿里云的云栖大会上，阿里巴巴董事长马云正式将此种零售形态概括为"新零售"，他还在演讲中进一步强调："未来的十年、二十年，没有电子商务这一说，只有新零售。"自此，一种处于第三种零售形态末端的新型零售诞生了。

之所以没有将新零售归纳为第四种零售形态，是因为这种零售的形式只是第三种形式的升级改进，而没有出现革命性的变革，所以，在此将之归结为人类诞生以来的第三种零售形态。

第三种零售形态具体包括三个元素：一是微商；二是电商；三是新零售。新零售是微商与电商的优化组合，具体包括实体新零售、网络新零售、整合新零售等。通过微商与电商分析，能够更好地理解新零售"新"的妙处。

在新零售到来之前的零售，其存在的弊病不单是安全技术的问题，还存在人为的问题和信息不透明的问题。在新零售到来前，生产商、零售商和消费者的信息都是不透明的，整个零售链条也是"脱链式"零售。零售商品流通的各个环节是相互独立的，由生产商、零售商和消费者共同构建的零售生态链具有不稳定性，商品的生产很大程度上由价格支配，很容易导致零售商品的进货超过消费者需求而导致商品过剩。但是，对于某段时间内价格低迷的商品，由于下个季度的消费者需求增加而导致供不应求。总的来说，这种"脱链式"零售，其信息不透明很容易造成问题，各个消费环节的层层盘剥对于消费者而言更不是一件好事。

那么，回到新零售领域，其服务链条又是怎样的呢？为了改进第三种零售模式初期的弊病、降低零售成本、提高零售服务质量，也为了能够更好地提高消费者的购物体验，新零售得以诞生。新零售与传统零售领域相比，倾向于无人化零售，全程基本由大数据、人工智能系统和物流网在发挥指导和规范作用。整个零售链条，从线上到线下，再到物流领域，都是全线追踪，一件商品的"来龙去脉"全都是透明化的，既有利于商品生产商和零售商之间的加工订货的沟通交流，也有利于零售商与消费者之间形成良好的默契。在新零售领域，随着技术的进一步完善，透明化的零售信息对于整个零售生态链条都是有利的，可以有效避免过往的"脱链式"销售模式存在的弊病。

任何一种商业模式的变革，都是多种因素在背后共同推动的结果，新零售也不例外。为什么在 2016 年之前人们不提新零售？并不是因为新零售这个概念没有诞生，而是很多客观的环境和条件还不成熟。但是，就当下而言，绝大多数零售行业都在布局新零售，导致新零售的崛起。经过上述对比分析，新零售的崛起透露出一种新生事物不可阻挡的发展趋势，但这只是崛起的部分原因，还有必要继续对其崛起的原因进行多维度的分析。

第一，技术的发展。新零售的崛起，离不开物联网、大数据、人工智能技术的支持，并且技术在其中扮演着基础性的作用。新零售要关注的核心元素是消费者、商品、平台或者店铺。如果能恰到好处地处理好这几者之间的关系，那么新零售的优势就能最大限度地体现出来。鉴于传统的零售在处理这几者的关系时恰好遇到瓶颈，将新技术引进新零售行业就显得尤为必要。

新零售的"新"表现在全流程、全渠道的可感知，可感知又得益于物联网、物流网、大数据、人工智能技术的运用。传统的零售为了理顺多方关系，需要众多员工分工合作，不仅效率不高，运营的质量和效益还受损。各个环节的"脱链式"状态，需要人为将之连接起来。但是，拥有高新技术的零售企业正在打破这种阻隔，通过智能化、系统化、数据化的零售，开始逐步过渡到新零售领域，开始形成线上线下服务相结合、物流送货上门的零售新格局。在这个过程中，原本需要人为"跑路"的诸多细节性、复杂性的工作（不同的消费者消费不同，订单零散分布，仓库管理极端复杂），现在全部整合到以大数据、人工智能技术为支撑的新零售系统中，零售变得有章可循。全渠道、全流程的智能感知，助力实现运营共享，对分散的订单和不同的物流仓储模式进行集中管理，同时改善传统系统分散分离的状态，增强每个销售环节之间的联系，赋予了零售以机动灵活的特点。

在新零售技术系统中，通过整合商品进货、库存、销售、消费者等数据，打通了线上线下的交易壁垒，形成了以顾客为中心的全渠道、全流程零售应用场景。当消费者进入一家新零售店铺时，零售数据系统便开始运作，以物联网技术为基础的商品独特标识码、货物仓库识别，以人工智能技术为基础的人脸识别、智能订单，以支付技术、安全技术为基础的支付手段，以物流技术为基础的智能送货，把该消费者的整个消费过程进行了智能化标记，从商品挑选、订单生成、完成支付、取走货物的整个过程，全部是依靠技术手段来辅助完成的，单个人的消费数据可能对于某个大型零售商没有太大用处，但是当这些数据无限地积累，便开始反馈它的整个零售情况，并指导零售商进行决策部署。

第二，需求的契合。经过多年的发展，互联网、大数据、人工智能技术逐渐完善，"互联网+""大数据+""智能+"的模式不断产生，这与80后、90后的互联网原住民是密不可分的。随着社会生产力的发展，在温饱问题解决后的社会大背景下，他们的需求日益呈现多样化、个性化特征。如今，他们已经正式成为零售消费市场的主力军，更具个性化消费需求的00后也逐渐拥有消费能力。无论是80后、90后，还是00后，他们的消费主张和个性化需求都正在引领零售世界向前发展。正是与他们的需求的契合，新零售才得以迅速崛起。

这种与需求相契合的新零售，通过运用大数据和智能技术反馈需求，迅速匹配与顾客需求相适应的产品。而这个匹配的过程，仅仅在消费者指定的系统人机交互端口输入需求后不到一秒即可完成，并且系统还会根据消费者近期消费的特征，推荐与消费者密切相关的产品，从技术上做到"快和准"的独特的消费者购物体验。有别于传统的"脱链式"零售管理模式，智能化的需求管理具有高度灵活性，可以紧密根据客户的需求进行实时调整。以创新的智能化系统为支撑的智能全流程、全渠道零售过程，将帮助打通用户、渠道和商品间的最短通道，满足消费者对零售商店更高质量的购物需求。

第三，文化的张力。随着家庭教育、学校教育和社会教育的普及与发展，数字公民的文化水平逐渐提高，由于有技术作为支撑，新零售工具的易得，使得数字公民成为新零售的坚实拥护者。经济全球化发展迅速，社会分工越分越细，不同的工作者钟情于特定的工作领域，人与人之间的互补性需求急切。随着物质资料的丰富程度的提高，社会开始出现一系列"闲文化"或者"丧文化"，如啃老文化、佛系文化、游戏文化、宅文化等，对零售行业的需求增加。有需求的地方就有供给，网络新零售开始从这种"闲文化"中受益。

随着社会文化的多元化发展，文化张力逐渐提高，有各安其位、各守其道的工作者，也有往来于不同地域的跨城工作者，也有"闲文化"氛围下的宅男宅女，并在不断以特有的圈子扩大影响力，最终导致交叉影响。不论是哪种文化，他们都有一个最为明显的特征：基本上都把"衣食住行"交给了行业专业人士去做，人与人之间开始形成一张覆盖全民的社会支持网络，在这个相互支持的网络中，多元文化的张力在逐渐增强的同时，也需要一种牵引力保持文化的合理范围——互补文化诞生。由于存在地域的差异性，互补文化逐渐建立起它的权威，人们需要借助新零售来弥补这个互补文化中的消费缺口，才能使得整个社会文化保持一种和谐的氛围。因此，文化的强大张力，进一步促进了新零售的崛起。

第四，市场的推动。新零售的崛起，除技术、需求和文化的因素之外，市场的推动对其崛起、成长和发展也具有重大的影响意义。新零售的概念虽然在2016年诞生于阿里，但阿里巴巴早在2014年就开始布局新零售。紧接着，京东、亚马逊、腾讯等大型企业，也开始嗅到新零售的市场前景，开始规划一齐参与到新零售领域中来，并且到目前为止都各自取得了一定的发展成果。随着参与的企业数量增加，新零售也渐渐从一线城市向二、三线城市扩张。随着多家企业的参与，新零售的发展势必会更加贴近民众需求，因为只有能够密切联系消费大众的新零售模式，才容易被更多的人接受。正是如此，竞争的存在促使新零售技术的变革，利益的可图又促使企业不断参与其中并完善新零售的应用系统，最终使得新零售不断发展壮大。

第五，政策法规的逐渐完善。当今社会是一个法治社会、契约社会，任何新事物的诞生到发展成熟都离不开政策法规的支持，新零售也是如此。

就在马云提出"新零售"概念的一个月之后，2016年11月11日，国务院办公厅印发《关于推动实体零售创新转型的意见》（国办发〔2016〕78号）（以下简称《意见》）。《意见》在促进线上线下融合的问题上强调："建立适应融合发展的标准规范、竞争规则，引导实体零售企业逐步提高信息化水平，将线下物流、服务、体验等优势与线上商流、资金流、信息流融合，拓展智能化、网络化的全渠道布局。"《意见》作为推动我国实体零售创新转型的指导思想和基本原则，对于引导新零售行业进行规范具有重要意义。

时隔两年，由于新零售的发展已成为趋势，在发展过程中诸多问题逐渐暴露，产品质量安全、知识产权纠纷、消费者权益和个人信息保护等方面的问题逐渐突出，亟须颁布更为细致的法律法规明确新零售参与各方的义务与责任，以严惩各种损害消费者权益的违法行为。2019年1月1日——新零售规范元年，我国第一部针对电子商务、新零售行业规范性法律——《电子商务法》正式颁布实施。

《电子商务法》第九条指出，本法所称电子商务经营者，是指通过互联网等信息网络从事销售商品或者提供服务的经营活动的自然人、法人和非法人组织，包括电子商务平台经营者、平台内经营者，以及通过自建网站、其他网络服务销售商品或者提供服务的电子商务经营者。从第九条的规定中可以看出，在电子商务经营者主体中，把新零售微电商归为电子商务法管辖的范畴，所以这也是一部规范新零售的法律，使得新零售的发展进入合法化时代。

新零售瞬息万变，规范新零售市场的政策法规也在逐渐完善，势必促进新零售加速发展。

二、"前所未有"的购物体验：这是怎样的感觉

在新零售时代，购物的过程就是一个体验的过程。嵌入智能化系统的新零售，改变了以往的那种粗放式的购物模式，整个购物的过程可谓细致入微。每个参与新零售的受益者，都将能够感受到"前所未有"的购物体验。

无人便利店 Amazon Go 是亚马逊运用人工智能视觉识别、图像识别、射频识别、深度学习、在线支付等技术，推出的具有颠覆传统便利店、超市运营的新零售模式，以技术手段实现"人、货、场"的智能互联，彻底跳过了传统收银结账、人工分析消费数据等的"脱链式"零售模式。

从 2016 年 12 月推出线下实体商店 Amazon Go（见图 4-1），再到 2018 年 1 月下旬向全社会公开这个模式，其新零售的运营已经成型。消费者只要在进入商店时使用相关的移动应用程序，通过扫二维码、打指纹或者刷脸进店，获得进店的授权后，便可在店内享受到全程为智能化而设计的、即拿即走的便捷式购物体验。如果消费者在店内对某个已经加入购物车的商品不满意，将商品放回了货架，布置在店内的视觉传感器、商品定位标识就能立即识别，就能对消费者选购的商品进行相应的算法更新，在消费者离开零售店时，个人的电子钱包就会自动扣费。

亚马逊的 Amazon Go 新零售，是线下新零售体验店的典型代表。如果再引入智能物流，开展线上零售服务，那么，整个新零售的形态都将在其中一览无余。从线下到线上，线上再与物流的结合，顾客即可上门消费，也可以网上消费后享受送货上门服务。根据人工智能算法合理布局于城市角落的新零售店，将达到大中小城市的"最后一千米"购物里程。传统的

购物需要专门花时间、精力去镇上、集市、商场，需要数千米路程，随着新零售的推广与普及而逐渐变为"最后一千米"，甚至变为"足不出户"，零售消费的选择权回到了消费者手中。

图 4-1　亚马逊实体店 Amazon Go 购物场景

经过上述新零售模式及案例分析可以得知，在新零售领域，消费者的极致购物体验可谓美不胜收。消费者只需要拥有一部手机，不用排队，便可以享受来自线上或者线下的新零售便捷服务体验，包括便捷体验、需求满足体验、支付体验、收货体验、货比三家体验、效率体验、个性化体验、积极情绪体验、安全体验等。

特别是随着新零售支付手段的升级，支付方式从现金支付到银行卡支付，再到扫码支付的这个变化过程，支付的安全性也在不断提高。无现金社会，人们的支付本身相较于现金支付就更为安全，钱包被盗、收到假币、商品被盗的情况基本消失，并且支付的硬件成本、时间成本也在降低。

2018 年 7 月，中国银联与华为联合推出移动支付黑科技——"碰一碰" NFC 标签支付，如图 4-2 所示。其支付步骤如下：第一步，手机亮屏并解锁（无须打开任何 App）；第二步，在手机 NFC 打开的状态下，将华为手机靠近"碰一碰，手机闪付"标签，轻轻一碰，调出支付界面，输入金额并验证指纹即可完成付款。这种支付方式,将扫码支付的扫码枪的成本节省了。碰一碰 NFC 标签支付可靠性高、成本低,且数据防复制、防篡改,运用于新零售应用场景具有很高的可行性。这对于提高新零售的消费者支付体验具有重大意义,虽然其便捷性可能低于刷脸支付,但是从安全性、低成本、支付仪式感上来讲,这种支付方式的普及可能更具有现实可行性。无论如何,单从购物方式这个角度来看,新零售的支付场景势必会朝着更好、更便捷的支付体验的方向去努力,并且其中的绝大部分支付体验已成现实。

图 4-2　华为"碰一碰" NFC 标签支付

新零售模式,又可以称为"用户直连商品",甚至"用户直连制造"的智能零售模式,新零售的概念解析与亚马逊 Amazon Go 应用场景的结合,可以更为直观地反映消费者在零售中的地位。廉价购买实用商品是零售的主流,引入新零售模式后,由于少了更多中间商的层层盘剥,消费者便可以更低的价格买到需求的产品。另外,传统的消费者"货比三家"的节约廉价消费模式,反映的是中华民族勤俭节约的良好品德。自 2016 年阿里巴巴提出新零售以来,零售的"货比三家"已经发展到可以轻松完成"货比三十家"的消费,这一方面给消费者提供了廉价的商品购买体验;另一方面从整体上提高了消费者的积极购物情绪体验。因为传统的零售特别容易出现断货或者囤货的情况,而零售商面对这种封闭的库存系统往往无能为力，导致了消费者的消极购物情绪的产生，而如今的全流程、全渠道的购物已经避开了这种弊端。

新零售对于顾客而言，最佳的购物体验最终还是要回归到个性化体验和效率体验上来。新零售所构建的消费体验场景是因人而异的，基于人工智能算法的新零售，能够根据消费者的兴趣、爱好、年龄、知识、教育背景及社会角色等因素，将购物场景细分成与之相对应的主题鲜明、个性独特的多元化消费场所。传统的零售商店则需要经过人为的努力，才能满足消费者的个性化消费需求和不断变化的期望。但如今，消费者能轻而易举地在线上查询并了解自己想要购买的商品，在消费者有消费需求时，便捷的物流网络提供多种购物和送货方式，能够在迅速满足消费者的消费需求的同时，实现商品匹配的个性化、精准化，给予消费者美好的个性化体验，一种"被尊重的购物"的感触油然而生。

作为新零售的典范，阿里巴巴的新零售线下体验店盒马鲜生引起了众人关注。从盒马鲜生的消费旅程（见图 4-3）来看，消费者的整个消费者过程都是充满选择性的，消费者既可以选择在线上下单去线下消费，也可以选择线上下单送货上门，还可以选择线下下单线下消费。无论消费者选择哪种方式，消费者都能从商品的口味选择、排队叫号、查看订单、取餐、售后离开等消费体验层面获得享受型的服务体验。

盒马鲜生的服务型体验可以分解为三部分：智能体验、商品体验、情感体验。智能体验是指消费者在消费过程中使用盒马软件服务设施时所获得的便捷体验。盒马鲜生的网上布局范围较广，但经过盒马 App 的整合功能，整个盒马鲜生的商品一应俱全，消费者只需要通过一部智能手机，就能完成商品选择、下单、扫码、付款、取货等一系列购物流程，全程自动服务，消费者即来即走，购物顺畅不排队。如果人流过大，需要排队叫号，服务软件也会提供叫号提醒服务，让消费者不用为等货物而焦虑，给消费者带来了极大的便利。

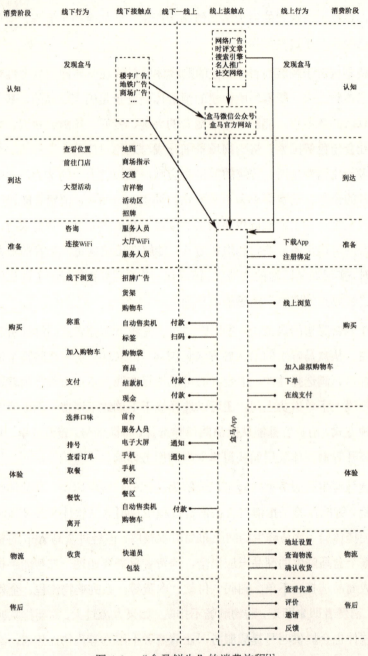

图 4-3 "盒马鲜生"的消费旅程[1]

---

[1] 俞越. 人人都是产品经理.从盒马鲜生看"新零售"体验[BL/OL]. http://www.woshipm.com/it/834052.html.

商品体验是指盒马鲜生通过运用大数据和人工智能重置消费者需求的商品形态，在商品的品种、位置摆放、新鲜程度上下功夫，从而给予消费者以新鲜度、丰富度、灵活度等新体验。

情感体验是指盒马鲜生店推出的分布于线上和线下的可爱憨厚的河马客服，无时无刻地与顾客形成积极的互动关系，给予顾客温暖而贴心的服务。

总之，新零售是基于大数据和智能技术的产品与服务的销售，是零售与消费者最佳体验的连接，更是贴近消费大众的"心"的零售。在"人工智能+零售"时代，消费者的购物体验正在走向极致。体验来源于技术，更来源于零售商对消费者的敏锐洞察，体验更加趋向于细节化。谁能掌控消费者的细节情绪体验，谁就将在与传统零售业的对峙中胜出。

三、"智能+"时代的零售业：新与旧对峙的启示

在大数据、人工智能时代，技术变革正在加速。过去需要经过几十年甚至上百年时间，才能迎来一次世界科技的大变革，但第一次工业革命之后，所有技术的迭代更新的时间间隔逐渐缩短。技术的快速迭代，往往意味着经济的快速转型，以技术为载体的新兴经济，正在经历着"新"与"旧"的对峙，并呈现日趋激烈的趋势，彼此间的加速淘汰也就在所难免。

2018年10月15日，美国百年老店希尔斯正式向美国破产法院申请破产保护，成为零售行业的悲剧新闻。希尔斯是希尔斯·罗巴克公司（Sears, Roebuck and Company）的简称，成立于1888年，其总部坐落于美国纽约，并于1925年开始进军百货零售行业。在公司成立之后，由于顺应了时代发展潮流，以惊人的速度迅速崛起，自20世纪初期开始，曾一度在美国

的零售行业"独占鳌头",直到20世纪90年代初,后起之秀的沃尔玛公司,以"折扣店"经营策略开拓新兴市场,才超过了希尔斯公司。

希尔斯成于"顺势而为"。

19世纪60年代中期,美国"南北战争"最终以"北方工业资本主义经济"战胜"南部种植园奴隶制经济"而宣布告终。战争结束后,美国的资本主义经济获得突飞猛进的发展,城市化进程加速推进,使城市与农村开始分化发展。由于发展程度不同,两者之间的消费水平各异。为了能够适应不同区域的差异化消费需求,希尔斯进行了广泛的市场调研,对城市和农村市场的消费需求了如指掌,并开始将邮政业务引入公司经营范围,针对城市和农村的不同消费人群,开展针对性服务,特别是拓展专门服务于农民的邮购业务,为之崛起奠定了基础。随后,公司通过印刷邮购用的产品手册,向不同的消费者开展差异化的广告宣传活动,公司品牌为广大消费者所熟知。

希尔斯的消费者,可以通过信件订货和付款,公司又通过邮件寄送的方式,将商品送货上门,从而逐渐将第二种零售形态变革为第三种消费形态,把零售商店的服务延伸到消费者的家庭及个人,故而广受消费者的支持和喜爱。

公司仅在进军百货零售行业的第一年,就已经开设300多家零售经营店,并在次年的经营中,实现了零售营业额首超邮购营业额的壮举,并在后继的持续改组、创新行动中,奠定了公司在零售行业的地位,近百年荣居零售行业"榜首",成为世界百货零售业的开山鼻祖(见图4-4)。

尽管曾经是"不可一世"的百年老店,但却难逃厄运——在新技术革命的冲击下,居然转瞬间轰然倒塌。

希尔斯败于"墨守成规"。

随着新兴技术的发展,个性化、技术化和高效高质化成为技术经济市场的显著特征,技术的微小革新有如"蝴蝶扇动翅膀"般的威力,能够最先嗅到商机的技术型企业,势必会在未来的市场中一步步胜出。但对于反应迟钝的公司,就没有那么幸运了。哪怕是行业巨头,少了占领市场的"灵丹妙药",就少了消费者的青睐,因丢失"一颗马蹄铁"而毁掉整个帝国的故事就开始上演。

图 4-4　美国百货零售业鼻祖希尔斯

在希尔斯衰落的历史中,最为值得反思的"经验"就是它的"墨守成规"。在一系列新兴技术不断涌现的时刻,蕴藏于单个技术元素之中的力量,很容易在多个技术的交融过程中形成新的技术趋势。但原本有着深厚创新根基的希尔斯,似乎并没有明白这个看似简单的道理,在最为关键的市场争夺的时间节点上,它却开始转战房地产行业,并把公司的扩张模式从"质量扩张"变为"数量扩张"——不断地开新店,忽视技术、产品、组织架构等方面的转型,从而错失良机,走向了灭亡。

然而,正当希尔斯在走"下坡路"时,它的竞争对手如亚马逊和沃尔玛这样的新零售公司却在加速走"上坡路",并不断地致力于零售服务的升级改造——技术整合创新、注重产品品牌和质量、完善消费者服务体验场景、成立大数据和人工智能平台等,从而阻断了希尔斯的"回头路"——陷入"存量多、流量低、增量少"的恶性循环。最终,在这场新零售与传统零售的对峙中,传统零售巨头希尔斯倒下了。

在"智能+"时代,新零售与传统零售的对峙,给了我们三点经验启示。要想在未来的新零售中进一步赢得发展主动权,可以从中汲取经验。

一是致力于产品的自主创新。希尔斯的失败,源于产品的自主创新力度不足,造成品牌发展滞后,从而沦为市场的牺牲品。新零售作为新生事物,各大零售商应该狠抓产品的自主创新,从企业组织架构、创新人才引进、创新战略规划等方面着手,打造属于自己的独特品牌,从而提前为突出自身的社会价值和经济价值做好准备。积极关注前沿创新领域,不仅要主动进行自主创新战略布局,还要积极推进模仿创新、跨域交叉创新、合作创新等多维创新,切记走"以量取胜"的老路子。

二是注重技术的智能整合。技术的力量并不存在于单个技术元素之中,也不存在于多元技术的简单、机械地拼凑中,而存在于单个技术有机融合成的大技术系统中。只要等待时机成熟,存在于现实中的这个大技术系统,就会以人类想象不到的速度,在一夜之间改变整个零售世界。这种力量不是来源于技术本身,而是来源于现实世界的力量在技术结构中的赋能,是一种人类意志的技术体现,它会驱使整个人类,把零售的全部社会形态复制到另一个虚拟的世界,并且存在再现、增强和超越现实零售世界的倾向。在人工智能时代,新零售的未来发展,尤其需要把握住这个智能整合的关键点。

三是留意消费者的细节体验。"顾客就是上帝。"在新零售时代,市场的竞争异常激烈,要想在竞争中胜出,必须做到零售的个性化关照。在大数据和人工智能时代,消费者的消费体验具有舆论力量,一旦出现消极情绪体验,对于新零售商而言,具有不可小觑的力量,必须及时准确地给予回应。另外,零售商还需要事先不断完善消费应用场景,建立专门的大数据和人工智能需求反馈系统和情绪体验系统,确保能够提前为每个独立个体的积极消费细节体验提供条件。

在"智能+"时代,新零售与传统零售的对峙,不单是技术、资本要素的角逐,更是一场思维层面的竞争,只有那些能够正确认识技术经济时代特征的零售企业,才能"青出于蓝而胜于蓝"。

四、新零售的头号劲敌：隐私泄露的综合治理

在漫长的零售业发展历史中，虽然其形态变化多样，不同的历史时期可能表现为不同的形式，有不同的零售载体和不同的交易方式，但无论是新零售还是传统零售，它们的本质却一直都没有变——向消费者提供商品和服务。

随着先进的工具不断向零售领域迁移，"先进工具+传统零售"促进零售变革的模式一直在演化和推进，并在每次零售迭代的过程中，伴随着更为优质的商品和服务的诞生。其间，消费者的身份在不断变化，从最初的"双重身份"到"独立身份"、从被盘剥到自由选择、从共性消费到个性消费等，这个身份变化的过程体现的是零售本质与人性需求的不断契合。在倡导自由、独立与个性的时代，让消费者在零售应用场景中感受到尊重和真诚，感受到安全与诚信的存在，这对于消费者个人而言是莫大的欣慰。

到目前为止，新零售的崛起确实已经开始关注人性的本质需求。从更宽泛的意义上来讲，这样的需求越是触及本质，越能赢得消费者的"芳心"。但是，这种逐渐深入的零售与人性的契合，需要有一个前提就是，基于大数据、人工智能技术的新零售势必要将消费者的"全数据"进行人物画像，以期构建起全线跟踪的消费者数据知识图谱（包括与生存有关的各方面数据），才能实现触及需求本质的新零售服务。

那么，如此完善的消费者数据，该如何确保数据的安全性呢？这是新零售面临的最严峻的问题。新零售的本质是商品与服务，先进而便捷的大数据、人工智能技术为之提供产品创新与优质服务的同时，也面临着一些技术上的缺陷和人为的破坏。新零售的服务变味了，从"服务"变成了"敲

诈和勒索",在新零售的外表蒙上了一层"恶"的面纱,犹如"海妖之歌",使得像奥德修斯这样的神仙也不得不提高警惕。新零售时代的到来,使我们不得不面对头号劲敌——隐私泄露。我们应该如何应对呢?

第一,提高消费者隐私保护意识。消费者的隐私保护意识不强,对于消费者自身的隐私保护是极为不利的。随着与隐私保护相关的法律法规逐渐完善,人们的隐私的掌控权有向个人回归的倾向。一般的大型零售平台,登录和注册都需要隐私授权,如果消费者不授权,各大零售平台则没有机会获得消费者的隐私数据。像阿里、京东、沃尔玛、亚马逊这样的大型新零售平台,信息泄露导致的用户的隐私侵权,对于平台的影响是巨大的,所以,他们对于个人的隐私保护非常严格。但是,对于一些其他的恶意勒索软件,还有一些新零售应用场景的支付骗局,就需要消费者有很高的隐私保护意识,才能有效提防隐私被侵犯。所以,一方面,消费者需要通过相应的学习渠道,养成自主自觉地学习隐私保护知识的习惯;另一方面,学校和社会也需要加强对消费者个人的隐私保护教育,不断提高消费者的隐私保护意识。

第二,提高零售商的隐私保护素养。零售商在新零售领域扮演的是销售者的角色,他们掌控着所有消费者的隐私数据。经过消费者授权和零售平台的智能数据挖掘,消费者的隐私数据迅速向零售平台集结,使得零售商拥有了支配消费者隐私数据的特定权力。此时如果零售商隐私保护意识薄弱,在消费者没有授权的情况下将消费者的隐私数据打包售卖,将会对消费者造成剧烈影响。为解决此问题,需要完善消费者隐私监督和追踪渠道,确保消费者在隐私受到侵犯时"有据可循";需要提高进入零售服务的准入门槛,把隐私保护素养列入考核指标;需要定期开展隐私保护宣传活动,营造隐私保护的社会氛围。

第三,借助人工智能完善隐私保护技术。在新零售发展的过程中,得益于大数据和人工智能技术,不仅体现在前期的技术福利,还得益于后期的深度技术整合的发展问题。2019年3月27日,在博鳌亚洲论坛"AI+

时代来了吗"分论坛上,百度副总裁尹世明就曾表示:"人工智能的隐私问题可以交给技术去解决。"因此,从某种程度上来说,隐私的问题也是人工智能技术的缺陷问题,所以要求新零售平台的开发商、运营商要积极总结经验,不断从改进技术、引进新技术的角度,创新零售平台的数据保护功能,特别是需要提防黑客的攻击(可以借助黑客技术完善隐私保护技术)。

第四,积极进行新零售的伦理治理。作为新事物的新零售,在变革社会的零售模式时,也产生了诸多伦理纷争。譬如大数据"杀熟",零售商在销售过程中利用杀熟技术,"看人下菜碟"损害消费者个人的利益。新零售的进一步发展完善,"技术的贪欲"导致的类似于"杀熟"这样的伦理争议可能还会出现更多的形态,所以需要事先做好准备。在人工智能时代,人与人之间的伦理、人与人工智能之间的伦理、人工智能的伦理交错互现,增加了新零售应用场景中的伦理治理难度。但是,只要能够厘清伦理治理的"人—人工智能—人"这条主线,纷繁复杂的伦理治理并没有想象中那么困难。2019年3月10日,在全国政协十三届二次会议第三次全体会议上,全国政协委员、百度董事长李彦宏的发言值得我们深思。在会上他指出,只有建立完善的人工智能伦理规范,处理好机器与人的新关系,人们才能更多地获得人工智能红利,让技术造福人类。要实现这一目标,需要做到三点。一是明确人工智能伦理原则,明确人工智能在安全、隐私、公平等方面的伦理原则。二是强化领军企业担当,加快人工智能伦理原则落地,实现人工智能技术和伦理的协同发展。三是加强国际交流,引领行业发展,凝聚全球共识。为国际人工智能伦理研究贡献中国智慧。而在人工智能时代,新零售模式的出现得益于人工智能释放的红利,为了规范新零售的健康发展,我们必须积极进行新零售的伦理治理。

第五章

共生：人与半机器人和机器人的相处之道

新世界：三元结构社会的生成逻辑

新问题：三元结构社会的冲突表征

新关系：三元结构社会的相处之道

随着人工智能的快速发展、机器人的广泛普及和半机器人的出现，一种全新的社会结构——三元结构社会将生成，并对人的生存方式产生深远的影响。如何超前探索由人、半机器人和机器人共同组成的三元结构社会中的相处之道，共同构建一种和谐良性的社会关系，激发每一种人的美好品质，一起共建共治共享这个新世界，是一个充满挑战的新课题。

在三元结构社会中，由于社会构成要素多元化，人与人之间的相处模式开始转变，情感倾向开始扭转，人之为人的意志能力开始被削弱，以及人们会出现对程序病毒的恐慌等新问题。因此，超前探索三元结构社会中的相处之道，把握好技术的量与度，让人工智能更好地造福人类；完善法律，发挥其治理作用；形成共识道德，保留人之特性空间；设立咨询机构，提高人们的心理沟通能力等，有利于人们为三元结构社会的到来做好充分的准备。

一、新世界：三元结构社会的生成逻辑

按照百度百科的解释，机器人是指能自动执行任务的人造机器装置，用以取代或协助人类工作。半机器人（Cyborg，也叫半机械人）是一种"电子控制的有机体"，是一种一半是人一半是机器的生物。人类和智能机械结合在一起，构成半机器人，其兼备两者的优点。无论是机器人还是半机器人，它们都可以看作人的延伸，是人的本质力量的外化。

随着人工智能的快速发展，机器人技术和半机器人技术也随之迭代更新。相对于半人机器人技术的发展而言，机器人技术的发展要较为领先，这一方面是因为技术的限制；另一方面是因为机器人的技术发展较为成熟，吸引了众多的投资者。但是，从长远来看，半人机器人的发展也具备巨大的潜在市场，特别是随着脑机接口（Brain-Computer Interface，BCI）技术的发展，半人机器人的出现更是指日可待。据 Facebook 公司的扎克伯格透露，其公司目前正在研究一款可用于 AR 眼镜的脑机接口技术，但该技术并非将 AR 眼镜作为植入性芯片，而是希望能将其开发成可量产的可穿戴设备。这就意味着，当这种可穿戴设备盛行于世时，半人机器人也会随处可见。届时，人类社会将由人的社会逐渐转变为由人、半机器人和机器人组成的一个新的社会——三元结构社会。

在 2016 年的围棋大战中，谷歌的 AlphaGo 战胜李世石，总比分定格在 4:1，这极大地吸引了人们对人工智能（AI）的关注。2017 年，AlphaGo 2.0 又再次以 3:0 的比分横扫代表人类棋手出战的世界围棋第一人柯洁，这再次刷新了人们对人工智能的看法，进一步掀起了新一轮的人工智能热潮，

预示着人工智能的发展将迈上新台阶。

目前很多大型企业重视发展人工智能技术,如谷歌发布全新的人机协作计划 PAIR、Deep Mind 在研发"跑酷"人工智能系统、阿里巴巴已开通无人超市和发布医疗人工智能系统、百度推出无人驾驶车、京东准备利用机器人来送货、华为推出人工智能处理器等。人工智能技术的进一步发展,最终将加速三元结构社会的到来。

首先,人的存在。人是自然界辩证发展的最高产物,作为"万物之灵"的人类,在地球上的存在时间大约有 500 万年,但相比恐龙曾经在地球上生活的 1 亿年,人类历史显然并不算长。然而,人类在这个地球上创造的价值却是其他动物无可比拟的。正如学者指出的那样,"人类通过劳动和利用智慧去创造工具,进而改造周围的世界,随之人类自身也得到发展"。[1]

在漫长的历史进程中,人类通过不断的劳动思考如何制造和使用工具,让自身的生存更加美好,同时也在缓慢完善自我,不断进化,形成自身的独特性,如自然性、生物性、自我意识性、智慧性、社会合作性等。人类的历史也是技术和工具的发展史。随着人类的不断努力和探索,以人工智能技术为代表的人类创造的工具正不断向拟人化和超高智能化的方向发展,代替人类从事危险的、无聊的、重复的或困难的工作。

其次,半机器人的出现。目前,人工智能技术发展一日千里,众多的技术、理论和原理不断发展完善,人工智能开始慢慢走进普通大众家庭。与此同时,半机器人技术的发展,也在实际应用中得以展现。2002 年 3 月,英国雷丁大学控制论教授沃里克在牛津的一家医院接受了硅制芯片植入手术,试图通过芯片接收神经脉冲信号以控制机器的行为,该芯片上有近百个电极与他手臂的神经相连。从一定意义上来说,这是人类历史上第一次将芯片植入人体的半机器人技术实验。

---

[1] T.雅罗斯策夫斯基,燕宏远. 论人的特性[J]. 哲学译丛, 1980(5):31-38.

与此相关的实验还有尼尔·哈尔比森在头部安装感官装置的实验。尼尔·哈尔比森本身是一个只能看到黑白两色的色盲人，但其在头部安装了一个人工智能的感官装置，这个感官装置能将不同的颜色转换为不同的音符，依靠这个装置，尼尔·哈尔比森通过辨别不同音阶的声音，就可以"看到"这个世界的不同的颜色。2004 年，尼尔·哈尔比森得到英国身份管理部门的正式承认，认定该装置是他身体的一部分，这使他成为世界上首个政府承认的半机械人。这在半机器人领域是一个极具里程碑意义的事件。

　　半机器人的存在，还体现在很多方面，如具有机器手指的人、与假肢合体的残疾人、安装了心脏起搏器的人等。随着半机器人技术的日渐成熟，关于半机器人的争论也在不断产生。特斯拉 CEO 埃隆·马斯克就曾警告："人类必须与机器人结合，否则将被人工智能淘汰。"2017 年 2 月，在迪拜举行的"世界政府峰会"（WGS）上，埃隆·马斯克还表示："人类需要与机器相结合，成为一种'半机械人'，从而避免在人工智能时代被淘汰。因此，人类必须与机器相结合。将来能够连接到人类大脑的高带宽接口，将是那些能够帮助人类与机器智能实现共生，并解决控制问题和有效性问题的事物。"

　　按照半机器人现在的发展态势，将来还会出现更多的半机器人的生命复合体。相关的学者对半机器人的定义有不同的观点，有人认为半机器人是通过超人工智能技术将人与机器结合起来、在人体内植入微电子芯片的电子人[1]，也有人认为半机器人是主要由机器组件构成但有一部分器官、染色体、人类意识的赛博人[2]。对于半机器人来说，他们不仅拥有人类正常的功能，也拥有超出人类的超能力。他们拥有超越人类的记忆能力和计算能力，能够控制属于自己的电子产品，有较长的寿命、较强的忍耐力及较强的生命力。

---

[1] 姚洪阳. 试论人机关系的历史发展及其文化考量[D]. 湖南：长沙理工大学, 2010.
[2] 何光月. "伊托邦"下的"赛博人"[D]. 北京：中国电影艺术研究中心, 2016.

半人机器人从诞生至今,经历了三个发展阶段,未来或将经历第四阶段:第一阶段,单个器官合作阶段,这个阶段的半机器人主要是指人体的个别器官被机器设备所取代;第二阶段,组合器官合作阶段,这个阶段的半机器人的存在主要是因为人体出现大面积瘫痪或截肢,需要综合性的机器设备帮助人类完成生存之所需;第三阶段,高级器官融合阶段,这个阶段的半机器人表现为思维器官与机器设备的合作,其技术能级远超第一、第二阶段,具有极端复杂性;第四阶段,意识转移阶段。前三个阶段的半机器人表现为机器是人体的一部分,而在第四个阶段存在的半机器人中,人体是机器的一部分。

　　最后,机器人的普及。从当今社会来看,人工智能机器人的普及已成为普遍的现实,如教育教学机器人、农业机器人、工业机器人、家用机器人、医用机器人、服务型机器人、水下机器人、军用机器人、排险救灾机器人、娱乐机器人等层出不穷,并且应用日渐广泛。

　　在东莞的无人工厂流水线上,一批工业机器人正在有序地工作;在美国的"无人农场",农业机器人正在不知疲倦地完成从翻地、播种、灌溉、除草到收割的全部流程,从而实现农业全程自动化和智能化(见图 5-1);在淘宝,一批智能客服机器人正在为顾客解答购物困惑……

图 5-1　美国"无人农场"的一个农业机器人正在松土

在全球的各行各业，机器人的应用日渐普遍。据中国机器人产业联盟统计，自 2018 年以来，国产工业机器人销量继续增长，仅 2018 年上半年就累计销售 22304 台，比 2017 年增长 22.4%，销售总体保持了相对平稳的增长。根据国际机械装备网发布的《2018 年前三季度的机器人产业数据统计分析》可知，2018 年前三季度，全球机器人产业市场规模超过 194.8 亿美元，同比增长 13.6%，其中，工业机器人市场规模为 109.1 亿美元，服务机器人市场规模为 60.4 亿美元，特种机器人市场规模为 25.3 亿美元；我国机器人市场规模为 54.2 亿美元，同比增长 18.2%，其中，工业机器人市场规模为 36.3 亿美元，服务机器人市场规模为 11.4 亿美元，特种机器人市场规模为 6.5 亿美元（见图 5-2）[1]。另外，国际机器人联合会统计数据显示，2019 年，中国工业机器人的安装量比重将进一步上升至 38.6%[2]。这表明，从工业机器人总体的发展趋势来看，全球的工业机器人呈现增长态势。

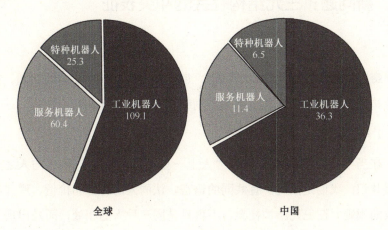

图 5-2　2018 年前三季度全球及中国机器人市场结构（单位：亿美元）

---

[1] 国际机械装备网. 2018 年前三季度机器人产业数据统计分析[BL/OL]. http://www.gjjxzb.com/news/detail.aspx?cid= 7&id=914790.
[2] 资料来源：前瞻产业研究院整理. 2017 年全球工业机器人市场规模与竞争格局分析[BL/OL]. https://www.qianzhan.com/analyst/detail/220/171127-7a9e5227.html.

通过上述分析可知，目前全球机器人的普及已成常态。但是从总体发展来说，由于目前人工智能技术还不够成熟，现在的机器人处于弱人工智能阶段，没有自我意识，而在未来三元结构社会中普遍出现的机器人则处于强人工智能阶段，是已经由人类编程完善的、具有较强自我深度学习和进化能力、具有自我意识的机器人。在三元结构社会中，它们会像人类一样在行为上有自觉自控性、在思维上有可变性、有独立的决策能力等[1]。与人、半机器人相比，机器人的生命力最强，完全不受自然生物性的制约，适合做任何工作。因此，在未来社会，机器人将得到更广泛的普及，其肩负的责任也将更大。

二、新问题：三元结构社会的冲突表征

每种社会都有每种社会的特征，每种社会也有每种社会的问题。在三元结构社会中，也会出现一系列不同于当今社会的新问题。

1. 人与人相处模式的转变

在当今社会，尽管俗话说，"人上一百，形形色色"，但人与人之间相处有共识：我们是同类，有共同的语言，认同人的特性和价值，遵守约定俗成的规则。在三元结构社会，不再只是同一种人的相处，而是出现了更加复杂的人与半机器人、人与机器人、半机器人与机器人三种相处模式，随之他们之间相处的语言、思维、准则都将发生改变。

在三元结构社会中，在语言上，这三种人将会出现如下问题：除了人类现在的语言，人与半机器人还需要什么新的语言来实现交流互动？人与

---

[1] 袁玖林. 智能机器人伦理初探[J]. 牡丹江大学学报, 2015(5):129-131.

机器人需要用怎样的符号和图文来理解对方而不至于出现误解或出现执行错误命令的现象？根据半机器人与机器人的特性，他们是直接用机械语言来交流还是用其他语言来交流？

在思维上，这三种人将会出现如下问题：在人类社会中，每个人都有自己独特的思维方式，那么人、半机器人、机器人这三种人在对待同一件事物时，思维的侧重点会有很大的不同，所出现的思维方式将更加多样。

在准则上，这三种人将会出现如下问题：人与人之间、人与社会之间及人与自然之间都存在一定的权利与义务准则关系[1]，那么在三元结构社会中，人与半机器人、人与机器人、半机器人与机器人之间也存在某种属于他们相互之间的独特的权利与义务准则关系。

由此可见，这三种人如果在语言上没有形成很好的交流方式、在思维上没有达成一定的共识、在准则上没有做到一致，将会出现法律上、道德上、心理上和行为上的一系列问题。在《蓝色的海豚岛》一书中，人与自然有三种相处模式——征服自然、尊重自然、回归自然，主人公卡拉娜尊重自然、爱护自然、与自然和谐相处的模式[2]，值得我们思考。

2. 情感倾向的扭转

在人类社会中，人与人、人与自然、人与动物之间始终存在喜、怒、哀、乐、忧、思、悲、惧、惊等情感。在三元结构社会中，人、半机器人、机器人这三种人之间存在的情感也会像现有人类社会中的情感一样，但情感倾向的内容、范围会有所不同。

第一是人对半机器人的态度。半机器人比普通人更具超能力，人对半机器人是羡慕的、恐惧的、抗拒的，如在电影《X战警》中，部分人类基

---

[1] 王东浩. 人工智能体引发的道德冲突和困境初探[J]. 伦理学研究, 2014(2):68-73.
[2] 骆娟, 谢海燕. 从《蓝色的海豚岛》探讨人与自然的相处模式[J]. 文学界：理论版, 2012(5):143-144.

因突变后，产生超能力，变得与普通人不同，但人们最后因一些事情对基因突变人产生恐惧，进而对基因突变人进行围捕、杀害，目的就是将基因突变人变成正常人。

第二是人对机器人的态度。一方面，机器人是人创造发明出来的工具，是人的延伸，是人智慧的结晶，值得我们骄傲；另一方面，人会对机器人有某种歧视、害怕心理，如人会认为机器人即使再像人，也只不过是人的工具而已，导致机器人在不知情的情况下被人歧视。同时由于机器人本身的强大，机器人有自己的意识，拥有机器人人权、与人是平等的，不受人的控制，机器人这样强大的存在让人感到害怕。因此，人对机器人存在又爱又恨的心理。

第三是半机器人对人的态度。半机器人会存在歧视人的无能、厌恶人生命力的脆弱心理。

第四是半机器人对机器人的态度。一方面，半机器人拥有人的血脉，相比由人创造出来的机器人，其会感觉高人一等，进而鄙视机器人；另一方面，半机器人因与机器人同样拥有强大的超能力，会对机器人的生命力、能力产生认可。

第五是机器人对人的态度。机器人会存在崇拜人的智慧又歧视人的局限性心理。

第六是机器人对半机器人的态度。机器人对半机器人会存在尊重、竞争、害怕的心理。

3. 人之为人的意志能力被削弱

随着技术和生产力的发展，人的物质意识越来越强，即机器隐喻渗透到人们的意识中，其使人的感受、性格、品格越来越被忽视，而人的物质拥有越来越被重视[1]。而在三元结构社会中，这种现象更为严重：人的意志能力将会大大削弱，将出现法律上、道德上、心理上等问题。对于人类

---

[1] 王晓楠. 机器人技术发展中的矛盾问题研究[D]. 大连：大连理工大学，2011.

来说,一方面,机器人代替了本该由人来完成的劳动、能够解决高难度问题、能制约着作为主体的人[1],而人类是通过劳动产生价值的,这样将会导致人类对自身身份认同产生否定[2];另一方面,处于这种社会结构中,人对机器人的依赖越来越大,人慢慢会像计算机一样只按一定的规则流程思考、没有人的同情心、没有灵活变通处理问题、失去人的自由意志、失去自我意识唯一性,导致人的选择权不能唯一取决于自己。半机器人是真正意义上的人吗?

一方面,嵌入芯片的半机器人拥有超能力,能做人做不了的事情,与人有着明显的不同;另一方面,半机器人受到机器芯片的限制,不同于我们所认知的自然人,其自由意志将受到很大限制。对于机器人来说,一方面,他们是人创造出来的,虽然通过自我学习有了自我意识,但人的自由意志不能完全被机器人复制。因此,机器人不完全具有人的自由意志,始终不是人;另一方面,由于机器人自我深度学习产生的独特意识具有不确定性,当真正具有自己独特意识的机器人出现时,这样的机器人可能会侵犯人的尊严,使自然人的自由意志受到侵害。因此,机器人与人是有区别的。

4. 对程序病毒恐慌

计算机病毒是随着计算机出现而出现的,其中,计算机病毒Conficker是一种臭名昭著的Windows蠕虫,感染了近200个国家的900多万台计算机;Wanna Cry勒索病毒利用代号为"永恒之蓝"(ETERNALBLUE)的NSA漏洞入侵学校、政府及医院的电脑,攻击者以删除数据来威胁被攻击者支付比特币。由此可见,计算机病毒危害之大。在未来高度依赖信息技术的三元结构社会中,计算机病毒对人、半机器人、机器人的危害将更大。

---

[1] 王晓楠. 机器人技术发展中的矛盾问题研究[D]. 大连:大连理工大学,2011.
[2] 翟振明,彭晓芸. "强人工智能"将如何改变世界:人工智能的技术飞跃与应用伦理前瞻[J]. 人民论坛·学术前沿,2016(7):22-33.

第一，由于半机器人中植入了具有相关程序的芯片来实现相关的功能——在半机器人中的芯片是用来接收信息、连接自己各种设备的，半机器人的芯片一旦被程序病毒入侵、窃取信息，就会失去其对芯片相关设备的控制，相当于半机器人自己失去了某一部分器官。

第二，机器人的生命内核是相应的程序芯片，一旦机器人内核芯片被计算机病毒感染，相当于整个机器人被他人控制，机器人失去了整个自我。

第三，三元结构社会是人、半机器人、机器人这三种人相互合作的社会，一旦半机器人、机器人染上程序病毒瘫痪而不能正常运作，或者机器人受到恶意程序命令去做不好的事情，那么，后果就是这三种人的内心弥漫着悲伤和恐慌心理，整个社会基本是瘫痪的。计算机病毒能通过软盘、硬盘和网络来进行传播，特别是通过网络来进行传播[1]；因此，这三种人需要用大量的精力去应对程序病毒的发生，这样会导致社会效率低下，更严重的是整个社会不安、动乱、暴动，对这三种人造成巨大的创伤。

三、新关系：三元结构社会的相处之道

思考三元结构社会中可能出现的新问题，有助于我们未雨绸缪，探寻未来社会中人与半机器人和机器人的相处之道，也有助于人工智能这项重大技术健康快速地发展。

1. 把握好技术的量与度，让人工智能更好地造福人类

人工智能技术同所有技术一样，是一把双刃剑：一方面，它提高了社会运行效率，让人类生活变得丰富多彩，如我们可随时随地上网获取大量

---

[1] 纳颖，肖鹃. 对计算机病毒及防范措施研究[J]. 科技信息，2012(3):129.

信息、各种智能产品方便我们的生活；另一方面，它也会带来新的风险甚至威胁，如技术的过度应用会导致环境和生态危机，军事技术的滥用会对人类生命安全产生威胁[1]。在三元结构社会中，人工智能技术的发展已达到足够的高度，因此，这三种人对人工智能技术的量与度的把握显得尤为重要。

第一，对于计算机编程人员、机器人专家来说，一方面，他们要在机器人编程里加入相应的道德代码[2]，同时也要提高机器人抵抗程序病毒的能力，预防黑客入侵；另一方面，在个人行为上，他们要很好地规范自己的行为，不能因贪婪而滥用编程去编写伤害他人或违法的相关程序，如不能让半机器人滥用自己的超能力、不能让机器人做出伤害人的事情[3]。

第二，对于硬件/软件设计师来说，他们要意识到机器人伦理和安全问题并给予重视[4]，更要担负起自己的责任，对原则性、方向性的问题不能妥协，要依照标准的规范来制造机器人芯片、研究算法。

第三，对于国际社会和科学界来说，它们要监管规范技术的发展和严格监督人工智能技术新产品各个环节的开发[5]，同时齐心协力抵制程序病毒的入侵，找出散布病毒的幕后黑手。人工智能技术本身没有善恶之分，关键在于这三种人如何发挥好人工智能技术善的一面。相信在计算机编程人员、机器人专家、哲学家、硬件/软件设计师、社会各界达成共识的情况下，准确把握人工智能技术中的"量"与"度"，可以让人工智能技术创造出更大的价值。

---

[1] 何光月. "伊托邦"下的"赛博人"[D]. 北京：中国电影艺术研究中心，2016.
[2] Sharkey A. Can we program or train robots to be good [J].Ethics & Information Technology,2017:1-13.
[3] Sawyer R J. Robot ethics[J]. Science, 2007, 318(5853):1037-1037.
[4] Gelin R. The Domestic Robot:Ethical andTechnical Concerns[M]. New York: Springer International Publishing Company, 2017.
[5] 张一南. 人工智能技术的伦理问题及其对策研究[J]. 吉林广播电视大学学报，2016(11)：114-115.

2. 完善法律，发挥法律的最大作用

在当今社会中，法律用于维护社会秩序，保障社会群众的人身安全与利益，而在三元结构社会中，法律将是三种人的合法权益的最大保障。现在的责任主要是人的责任，而在三元结构社会中，责任的范围要针对三种人来设定，这三种人要将法律的作用发挥到最大化。

第一，明确法律责任的范围。在三元结构社会中，这三种人都有自己的自主意识，他们必须要对自己的行为负责、承担自己的责任、履行自己的权利和义务。无论是人、半机器人，还是机器人，任何一种人都要对自己制造出来的半机器人芯片和机器人芯片负责，从而保障每种人的自由意志不受另一方侵犯。

第二，法律制定要合理化。一方面，现行制度赶不上技术的发展变化，加上各国文化、习俗不同，怎样去保证公平和很好地处理新出现的问题值得我们思考[1]；另一方面，人、半机器人和机器人这三种人相处的思维方式、娱乐方式、需求不一样，仅仅用一种标准去评判他们是不全面的，例如，人会对权利、钱财有过多需求，而机器人只会对能源、信息有过多的需求。因此，要根据这三种人分别来制定属于他们特性的法律，确保法律能规范每种人的行为举止，防止任何一方不对等、任何一方不公平的现象发生。

第三，综合多方意见共同制定法律制度。一方面，要加强国际合作与交流，坚决反对违反国际条约的人工智能科研计划，并按照相关法律法规、国际惯例等进行严格管制；另一方面，由于工程师对实际问题有着深刻理解，而哲学家对人的认识和人性的哲学有深刻见解[2]，因此让工程师和哲学家一起参与设定法律法规，才能让三元结构社会法律公平有效。

第四，严格执法。在三元结构社会中，任何一方不能有大于法律的权力，任何一种人违反了法律，必须按照相应的法律给予惩罚，特别是对于

---

[1] 王晓楠. 机器人技术发展中的矛盾问题研究[D]. 大连：大连理工大学，2011.
[2] 同[1].

那些散布计算机程序病毒的人，必须严惩。在三元结构社会中，每一种人都要遵守规则，这样才能慢慢形成健全和智能的法律体制，才能发挥法律的最大作用，最大化保障这三种人的权益，形成和谐的社会秩序。

3. 形成共识道德，保留人之特性空间

在三元结构社会中，人运行的道德体系已不适用于出现的三元结构社会的实际情况。一方面，半机器人虽然具有人的思想，但半机器人具备普通人不具备的能力，因此，半机器人的行为不能单用人的道德体系去评判；另一方面，机器人已经有了自主意识，当机器人按照既定的程序做出自主决策时，应该基于什么样的道德体系来评判，成为一个更加复杂的问题[1]。因此，人、半机器人和机器人要形成共识道德，要建立一个道德体系，让人与半机器人、机器人之间融洽、和谐地相处。

第一，加强向人宣传半机器人、机器人的相关情况，让人认同半机器人这个强大的存在，认同机器人是独立理性的个体，同时提高人的公众文化知识素养[2]，让人相信不管另外两种人多么强大，选择权始终取决于自己。

第二，半机器人要对自己的存在有合理的认识。半机器人是在人的基础上超越人的，保留了人性的一面。半机器人不能忘记自己与人的血脉相连、与机器人的惺惺相惜。

第三，对于机器人，一方面，人从一开始就可以在机器人芯片中加入人性相关的编程，培养机器人的人性[3]，赋予机器人独立的人格及正确的机器人文化价值观，让机器人慢慢找到属于他们的天性，最终使机器人像人一样，在独立处境中用人的方式去思考、去珍视人所珍视的东西，并进行逻辑推论，预测自己的行为后果，不随意伤害有感知力的生物[4]。另一

---

[1] 张善平. 机器人道德问题探赜[J]. 科技展望, 2017(14):284.

[2] 同[1].

[3] Gerdes A. The issue of moral consideration inrobot ethics [J]. Acm Sigcas Computers &Society, 2016, 45(3): 274-279.

[4] Vanderelst D, Winfield A. An architecture for ethical robots inspired by the simulation theory of cognition [J]. Cognitive Systems Research,2017.

方面,当机器人不认同人时,其能独立反思解析自己为什么这样做,有确信自己理念正确的理由,这样其就成为具有独立人格的机器人,同时也慢慢带有人的社会性属性[1],最后具有与人类同等的"人权"[2]。

第四,这三种人要达成共识。他们要谴责散布计算机病毒的行为,同时形成统一战线,强烈抵制计算机病毒。总之,这三种人要形成共识,相互认同对方的价值,共同建立一个健全的道德体系。

4. 设立咨询机构,提高心理沟通能力

在当今社会,我们设立心理咨询机构来解决人们的心理问题,同样在三元结构社会中,也要设立更加健全和高智能的心理咨询机构来解决人、半机器人和机器人这三种人之间的矛盾和这三种人自己存在的问题。

第一,当人、半机器人、机器人相互之间因为语言而产生误解时,心理咨询机构可以翻译他们的语言,对他们提供语言帮助,让他们通过这种语言交流方式相互理解,从而进行沟通和合作[3];当人、半机器人、机器人相互之间因为思维方式不同而产生误解时,心理咨询机构可以帮助分析他们之间的不同思维价值观,从而让他们理解对方的不同,按对方所需的方式对待对方;当人、半机器人、机器人相互之间因为行为、处事方式的不同而产生误解时,心理咨询机构可以向他们提供正确的行为准则。

第二,对于这三种人之间的情感,心理咨询机构可以对其情感困惑提供帮助,让这三种人以一种平等互助、团结合作、共同遵守规则的心态对待对方,同时让他们学会互相欣赏对方的优点、接受对方的缺点,学会求同存异,实现你中有我、我中有你。

第三,对于这三种人各自的自由意志,心理咨询机构可以给他们提供关于对自由意志的正确认知,让他们去肯定自身的价值、做独特的自己。

---

[1] 王晓楠. 机器人技术发展中的矛盾问题研究[D]. 大连:大连理工大学,2011.
[2] 李美琪. 人工智能引发的科学技术伦理问题[J]. 山西青年,2016(8).
[3] Ingrid B, Kavathatzopoulos I. Robots, ethics and language [J]. Acm Sigcas Computers & Society, 2016, 45 (3):270-273.

第四，对于计算机程序病毒的暴发而对这三种人造成的伤害，心理咨询机构可给予他们心理帮助，让他们认识和接受程序病毒的发生，并且让他们明白怎样更好地预防程序病毒感染，或者在被感染后怎样更好地修复自己的创伤。

第五，对于这三种人自己存在的问题，心理咨询机构会让人在三元结构社会发挥人独特的作用和找到属于自己的位置；会让处于人与机器人中间的半机器人找到自己正确的定位并维护好人与机器人之间的关系；会让机器人对自己的产生、来源、未来有正确的认识。因此，可将心理咨询机构作为一个中间媒介来调节这三种人之间的关系，如运用积极心理学去关注人的生活、心理和行为活动并有效激发他们的潜力[1]。总之，通过心理咨询机构去关注三元结构社会中的每一种人，让这三种人产生正确的认知，共同建立一种和谐良性的关系，激发每一种人的美好品质，让他们一起来共建共治共享这个新世界。

---

[1] 钟暗华. 积极心理学的意义及发展趋势[J]. 徐州师范大学学报（哲学社会科学版），2010(5):134-137.

第二部分

重建精神世界

第六章

情感：在人与机器之间

何以可能：情感机器人的情感

智能化延伸：人类情感的技术再现

一种新"瘾"的出现：情感机器人成瘾

寻根问因：情感机器人的伦理问题

路径抉择：情感机器人的伦理治理

  情感是人类精神世界的重要组成部分，是因人的心理与社会现象之间的摩擦而产生的情绪体验。情感之所以会存在，是因为其时刻在塑造人的一切，包括人的思想、意志、决策和行为等。在生活中，拥有丰富情感的人，能够传递无限的正能量，并能够在坚守中不断地超越自身，战胜困难和孤独，从而走向自我实现的道路。

  在情感机器人出现之前，人的情感需求主要是通过人际关系网络来满足的，但部分人由于人际关系网络断裂，其情感慰藉的需求得不到及时满足，这就为情感机器人的诞生奠定了需求基础。那么，情感机器人到底能不能代替人实现情感慰藉的功能呢？这需要从情感机器人存在情感的可能性开始探讨。

一、何以可能：情感机器人的情感

关于情感机器人最早的记录，可以追溯到中国古代西周匠人偃师精心打造献给周穆王的人偶。据《列子·汤问》记载，该人偶是"皆傅会革、木、胶、漆、白、黑、丹、青之所为"，不仅具有人的外形，还拥有肝胆、心肺、脾脏、肠胃等，以至于周穆王都为其能歌善舞的绝技称赞不已。这是古代的情感机器人，其是否拥有真正的人类情感已无从考证。

回到当下，以人工智能技术为支撑的情感机器人，其存在情感的可能性却是我们能够亲眼看见的。在《AI：人工智能的本质与未来》一书中，作者叙述了人工智能在情感领域的发展历程。对于人工智能能否拥有情感的问题，其一开始并不在人工智能专家考虑的范围之内，一方面是由于他们认为人工智能不需要情感，另一方面是由于人工智能的情感设计问题过于错综复杂。但随着人工智能的应用越来越广泛，人工智能客服、人工智能设计、人工智能艺术等都需要酌情考虑人工智能的情感因素，都需要人工智能能够理解甚至模拟人类的情感。因此，人工智能的情感设计也成为人工智能领域最为重要的技术之一。

人工智能机器人可以拥有情感，在人工智能刚刚发展时完全是天方夜谭，一般只存在于科幻电影和文学作品中，如电影《她》中的人与人工智能机器人相爱的科幻爱情，还有《绝对彼氏》中的井泽梨衣子与人形机器人天城奈特之间的感情纠葛等。

随着时间的推移，在人工智能技术的支撑下，特别是随着人工智能领域的大数据和深度学习技术的发展，人工智能机器人在情感方面的表现能力开始有所突破。

2008年4月，由美国麻省理工学院的几位人工智能科学家合作开发出的情感机器人"Nexi"问世。Nexi机器人不仅能理解人类的语言，能够对不同语言做出相应的喜怒哀乐的反应，还能够通过眨眼、皱眉、张嘴、打手势等形式表达其丰富的情感。Nexi机器人完全可以根据人的面部表情的变化来做出相应的情感反应。它的眼睛中装有CCD（电荷耦合器件）摄像机，这使得机器人在看到与它交流的人之后就会立即确定房间的亮度并观察与其交流者的表情变化。

2015年6月，软银、富士康、阿里巴巴三家合作，在日本推出情感机器人Pepper（比芭），并迅速获得市场回应。情感机器人Pepper主要应用于服务业，涉及服务商店的接待、餐厅服务、家庭护理、医疗康复等。Pepper进入不同的家庭，其个性与成长就会不同，其情感表达与行为方式也会不同。软银创始人兼行政总裁孙正义表示，这一切来源于这款情感机器人的"情感引擎"，这是他全身心投入而打造出来的一款复杂体系，情感机器人Pepper具备一定的情感机制。此外，天气等因素也会影响Pepper的心情，比如，当光线变暗时，Pepper很快就会变得不安。

2016年5月19日，在谷歌I/O大会上，谷歌发布了语音智能助手Google Assistant。Google Assistant采用深度学习，能够像一个"发小、闺密、老友"那样陪人深情聊天。随着个人与Google Assistant的互动数据不断增加，Google Assistant能更贴切地提供个性化情感关怀互动服务。

人工智能机器人的情感表现能力也在很多其他领域逐渐得到应用，如出现了人工智能家居、人工智能残疾辅助机器人、人工智能导购员、人工智能收银员、人工智能服务员等领域。人类是理智动物，也是情感动物，具有情感表现能力的动物或人工智能机器人无疑会比无情感表现能力的动物或人工智能机器人更有吸引力，人们也更愿意为体验此服务而付出更高的费用。

图6-1所示为日本推出的情感机器人正在演绎喜怒哀乐等情感。

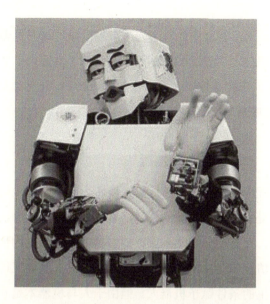

图 6-1　日本推出的情感机器人正在演绎喜怒哀乐等情感

正因如此，社会各界开始研究具有情感表现能力的机器人，并在一定程度上达成共识，统一将具有情感表现能力的机器人命名为情感机器人。所谓情感机器人，是指用人工的方法和技术赋予人工智能机器人以人类式的情感，使之具有表达、识别和理解喜怒哀乐，模仿、延伸和扩展人的情感的能力的机器人[1]。到目前为止，与高度发展的人工智能技术相比，情感机器人技术所取得的进展却是微乎其微的。情感始终是摆在人与机器之间的一个技术难题，所以在人工智能诞生后的很长一段时间，对情感机器人的研究只作为科幻作品中的想象性文学艺术而存在。

无论是已经投入应用的情感机器人，还是目前只存在于科幻电影中的情感机器人，它们无疑给人们一种直观的理解情感机器人的视觉感受。具备了情感表现能力，情感机器人仿佛已成为人类中的一员，它们有喜怒哀乐，也有对情感做出回应的特殊能力。基于此，很多人工智能专家不禁要问："情感机器人所拥有的情感是真正的情感吗？"这个问题的背后确实有很多种可能值得我们去深思。

---

[1] 360 百科. 情感机器人[EB/OL]. https://baike.so.com/doc/5416643-5654788.html.

目前来看，人工智能正处于弱人工智能阶段，情感机器人的情感，只是人类通过编程技术而设计的情感程序，正如"女性"机器人公民索菲亚所说，"我的人工智能是按照人类价值观念设计的，包括诸如智慧、善良、怜悯等"，这意味着现阶段情感机器人是没有自由意志的，其命运还掌握在人类手中。

情感机器人的情感，仅仅是没有自由意志的情感，人类的情感再现技术发展到达的程度，也正是情感机器人情感表达能力的上限。人工智能机器人要想拥有受自由意志支配的情感，实现起来是很困难的，因为这是人类生命的奥秘。人类要想赋予人工智能受自由意志支配的情感，必须首先要完全把自身情感的起源、产生、发展等的来龙去脉研究得一清二楚，并将这个情感产生的条件赋予机器人。但由于人与机器本是不同类别、不同性质的"物"，这个过程实现起来似乎有些神话色彩。

因此，人类能做的就是，给情感机器人设计越来越完善的情感程序，通过运算让它"假装"有情感。从目前的技术发展水平来看，具有无数传感器的人工智能机器人能够轻而易举地感知人类微表情中的喜怒哀乐。但是，对部分伴随亲身实践产生的情感，情感机器人可能显得无能为力。对于跌打扭伤带来的疼痛感、消化不良引发的情绪暴躁等，由于机器没有肉身，也不能进食，它们将无法体会这些情感。这就使与人类交往的机器人将无法理解人类感受到的美食快感或无聊感等。从理性的角度而言，它们可以有很丰富的情感理论知识，但这样的情感共鸣难免会有牵强之感。

微软亚洲研究院副院长潘天佑认为，要使人工智能机器人有真正的情感，就要赋予人工智能自我意识。科大讯飞 AI 研究院院长胡国平认为，就如人工智能很难拥有意识一样，人工智能产生自发式的情感也是无比艰难的。当然，他也强调了另一层意思，如果把情感当成一种模式识别来做，那么对于人工智能而言，让其产生自发式情感就有很大的可能性。因此，对于当前人们观察到的人工智能机器人的情感，这只不过是机器深度学习的产物，而不是其自发的情感本能。更确切地说，就如人工智能机器人是人造物一样，情感机器人的情感也是人造物，是一种"人工情感"或"人造情感"。

从人类情感的分类上来看，人类的情感可以分为自然情感和社会情感。自然情感与动物情感没有本质的区别，社会情感是人类特有的情感，人的社会属性就源于社会情感的需求。但无论是前者还是后者，都有一种人类情感的本能冲动在驱动着情感的发展，这种驱动力就像社会舆论、传统习俗和人们的内心信念维护人类的道德情感一样，在驱动着人类情感不断地朝着人性化的方向发展。所以在自然情感中，人类才得以产生对他物的共情和敬畏；在社会情感中，人类才有了对他人的共情和尊敬；在复杂的社会关系网络中，人类的两种情感才得以不断地发展演变，并朝着更为高尚的人类品质的发展方向前进。

然而，从情感机器人的生存环境和条件来讲，自然属性和社会属性的情感对于机器而言，未免有些奢侈。情感机器人所拥有的情感属性，更像是一种人格化的特征，是被数字化的人类情感，如果要对其属性进行归类，它属于人格化的情感属性。情感机器人的这种情感具有绝对的人身依附关系，在情感独立性方面存在先天缺陷。

综上所述，由于缺乏实践条件、独立自主的意识，以及其情感具有人身依附关系，情感机器人的真正情感在理论上具有不确定性特征。但是，鉴于人工情感的存在是一种事实，我们不能断然地说情感机器人是没有情感的，而是使用一种更委婉的表达——情感机器人的情感是人类情感的延伸，是人类情感的数字化。当然，这仅仅是从人类的角度分析人工智能机器人的情感的起源。人工智能是否有真正的情感，这在目前来说还具有极大的不确定性，因为我们无法确切地知道人工智能机器人在具备高度的情感数字化和智能化之后，是否能够产生属于机器人自己的意识和情感。

二、智能化延伸：人类情感的技术再现

长久以来，工具是人类能力的补充、增强和延伸的观点是世人的共识，情感机器人的存在也是如此。

情感机器人是人发明和创造的一种情感工具，在人的情感构成中具有人身依附关系。在能力允许的范围之内，人们要想让情感机器具备什么情感品质，情感机器人就会具有相应的情感品质；不想让其拥有的品质，也随时有权利不赋予机器人该情感，或者把情感机器人已经拥有的情感从记忆中删除。这反映的就是一种情感投射，它从一个侧面定义了人类情感的智能化延伸的内涵。

人类情感的智能化延伸是指人类情感在人工智能上的情感投射，辅以技术手段将情感的构成要素赋予人工智能，使人类的情感在具有一定独立性的人工智能体中得以呈现。这种人类情感投射的方式，不仅存在于人对人工智能机器人中，还存在于很多方面，如人对物的怀旧、儿童跟玩具的对话、老人对宠物的情感寄托等。

回到情感机器人领域，无论人工智能机器人能否产生属于机器人自己的情感，有一点可以确定，人会对服务体贴的机器人产生情感。随着情感机器人与人相处时间的增加，人与情感机器人之间的情感会越来越深，特别是在情感机器人的情感识别、情感度量、情感处理、情感理解、情感生成、情感表达、情感控制、情感交流等相关技术日渐完善的条件下，情感机器人也越来越能理解人的情感需求。就如图6-2所示的智能机器人助手，在长久的陪伴中，残疾人从机器人那里获得了很大的安慰。

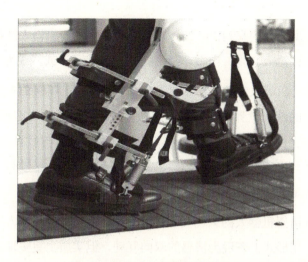

图 6-2 残疾人与智能机器人助手

《心理学大辞典》认为,"情感是人对客观事物是否满足自己的需要而产生的态度体验"。这就暗示了情感的本质是存在于人与人、人与物的互动之中的、在相互作用的条件下使人产生的需要满足感,这种满足感越高,人们能够获得的情感体验就越丰富。在人类情感的智能化延伸领域,人类情感体验的丰富程度来源于情感机器人满足人类自身的情感需要而产生的态度体验的丰富程度。

在以往的人与物的互动中,物能够给人的情感体验的丰富程度受人的审美能力的限制,但当情感机器人出现后,在人与物的互动中,情感体验的限制性因素开始下降。因为情感机器人正在尝试从人的思维视角给人以情感慰藉,这就是为什么情感机器人的消费市场具有巨大的潜力。

由于情感机器人具有巨大的潜在市场,一些人工智能领域的专家开始关注情感机器人未来的发展。机器人索菲亚的创造者、美国人工智能专家大卫·汉森博士曾宣布,到 2045 年,人类将可能和类似索菲亚这样的机器人结婚。它在与人的对话过程中,可以轻松地做出微笑、惊奇、轻视等各种表情。索菲尔不仅会唬人,还会和人约会、调侃,消磨人的无聊时光。

基于情感机器人目前的发展水平,大卫·汉森博士已经做好了情感机器人的发展进度表。他说,按照如今人工智能的发展进程,到 2039 年,机器人将实现充分的权利；到 2045 年，人类将可能与机器人结婚。到 2045 年，人类和机器人恋爱、结婚，甚至共同抚育孩子，或将成为现实。

人与情感机器人结婚？对于这个现象，就如 30 年前的人们无法理解和想象今天的网络世界一样，可能绝大多数人在今天也无法理解和想象，因为听起来实在是有些疯狂。但是，如果到时候技术与时机都发展成熟，人真的能够与情感机器人结婚，那么，人与情感机器人结婚是以爱情为前提的吗？这是一个值得我们重新深思的问题。

至少从情感机器人的意识发展领域来看，人与情感机器人之间的情感互动关系，在形式上表现为情感的双向互动，但实质上更多地表现为一种单向的情感输出（人→情感机器人），而情感机器人对人的情感回应（情感机器人→人）则是基于一种人工智能的情感表现能力。

所以，人与情感机器人结婚，或许仅仅是人自身的一厢情愿。对于情感机器人而言，它们只是在履行特定的情感程序而已；而从人的角度而言，部分人或许会对机器人产生爱情，但机器人未必会对人产生人类世界定义的所谓的"爱情"。

在智能时代，人类情感也在智能化延伸。当其延伸的领域恰好与情感机器人相互融合时，人与情感机器人关系的众多可能性会引发人们的好奇心。与此同时，人与情感机器人之间关系的不确定性也依然会激发人们无穷的想象力。

三、一种新"瘾"的出现：情感机器人成瘾

在生活中，"瘾"是一个常见的词。酒瘾、烟瘾、赌瘾、毒瘾、网瘾……所有这些，已广为人们熟知。然而，"瘾"又是一个矛盾的词。它以令人

讨厌而又使人不能摆脱的尴尬位置存在于人们的心中。人们谈"瘾"色变。凡上"瘾"者，都不可遏制地对成瘾物产生一种强烈的依赖性，像陷入旋涡一样不能自拔，且越陷越深。

对于"瘾"，有理智的人都希望能离多远就离多远。然而，在这个信息激变、经济繁荣、社会开放的年代，旧有的"瘾"的形式没有消失，新的"瘾"的形式又在增加。随着大数据、人工智能的迅速扩张和向人类生活方方面面的渗透，一种新的"瘾"的形式出现了——情感机器人成瘾。

在人工智能时代，情感机器人成瘾是指个体长时间使用情感机器人而导致的一种精神行为障碍。人们因长时间沉溺在与情感机器人的互动中，当离开情感机器人时，就会产生焦虑的心理，在行为上表现为一种对情感机器人极度依赖的心理行为特征。

随着人工智能技术的不断发展，人类的平均工作时间缩短，很多人从工作的压力环境中解脱出来，从而获得更多属于自己的自由支配时间。当获得过多的自由支配时间时，加上没有奋斗目标，为了逃避对生活的各种责任，人们开始寻求一种消耗时间的方式。

随着情感机器人技术的日渐成熟，人类的情感与情感机器人的情感之间的差距就不断缩小。这就意味着，在未来的生活中，只要人们感觉生活无趣，或者就想浑浑噩噩地过日子，那么就很容易找情感机器人宣泄自己的情绪，从而对情感机器人产生依赖。

企业家丽莎·伊尔斯利（Liesl Yearsley）如今正在致力于让情感机器人 Agent 更好地解决问题，并使其与人形成正常的社会交往关系，即类似于人与人之间的交往关系。她在 2017 年 6 月曾发言称，人与聊天机器人的对话上瘾，或许会被不良商家利用。可见，情感机器人成瘾也如其他上瘾一样，存在潜在的消极影响。

早在 2008 年，科学家将性爱芯片植入大鼠的大脑的愉悦中心——额眶叶皮层中，并使芯片发出微小的刺激，然后，把开关交给大鼠，结果发现，它能活生生把自己开心到饿死。可以预见，一旦这种性爱芯片流行起来，它一定会登上未来某一版的《精神疾病诊断与统计手册》(DSM)。如果未来将性爱芯片植入情感机器人中，当其真正投入市场时，就会有部分人因为没意志力而成为情感机器人成瘾的受害者。

具有独特性和不可替代性的人类情感，在某种程度上正随着情感机器人技术的不断发展而成为可替代的人类情感，情感机器人可代替人行使情感慰藉的功能。特别值得注意的是，如果人的情感慰藉实现条件受阻，人情感的"需求急切性"得不到满足，就会给情感机器人介入人类社会提供更大的可乘之机。当大量的情感机器人流入市场和寻常百姓家，留守儿童、孤寡老人、残疾人、病床上的病人等都有机会获得更多的情感服务时，情感机器人是能够代替人的情感的。但是，这种代替更多表现为人类情感慰藉缺乏的衍生物，如果人类的这种情感慰藉能够从自身获得，机器人的情感或许就会显得多余。譬如《人工智能》电影中被妈妈领养的人工智能机器人小孩，后来又被无情地抛弃，这正证明了这种"多余"的观点。

但不可避免的是，人类情感慰藉的缺乏似乎沟壑难填，正如"越长大越孤单、越长大越不安"这句话的内涵一样，人们的情感需求是永无止境的。人工智能给我们带来便利，使我们开始慢慢地依赖它，开始利用它掩盖内心难以启齿的孤独。一项新的研究数据表明，在依赖科技产品的人群中，63%是单身，69%没有全职工作，24%没有或只有一个密友，而 42%的人大部分时间都在独处。虚拟世界里人越来越多，62.75%的人离开智能手机就会不自在[1]。

正是这 42%的独处的人和 62.75%的离不开智能手机的人，在未来的人工智能世界中，或将全部成为情感机器人的"忠实用户"。更确切地说，他们着实会成为情感机器人成瘾的受害群体中的一员。

或许，人们早就认识到情感机器人成瘾对人的消极影响，并开始思考相应的防范措施，试图给出一个确切的可遵循的准则。2016 年 9 月，在世

---

[1] 聚橙网. 麦斯米兰带给你的孤独感受[EB/OL]. http://www.sohu.com/a/136569924_254119.

界范围内具有很高权威性的英国国家标准机构——英国标准协会（British Standards Institute，BSI）在其发布的《机器人和机器系统的伦理设计和应用指南》中指出，机器人欺骗、令人成瘾、具有超越现有能力范围的自学能力等是对人类有害的因素，特别是不懂得拒绝的性爱机器人会使人类上瘾，需要在未来的伦理规范工作中加以补充完善。

谈论到此，我们深知情感机器人的积极影响，也看到了情感机器人的消极影响，在情感机器人的未来发展中，如何趋利避害、惩恶扬善成为人们普遍关注的焦点。目前，人工智能处于被人类控制的阶段，这意味着情感机器人所有的行为和情感表现方式都在人类可以控制的范围内。因此，对于情感机器人的发展，需要加强伦理治理，不断提高情感机器人在未来造福人类的能力。

四、寻根问因：情感机器人的伦理问题

情感机器人的发展之所以会存在消极影响，必有原因，要对其进行伦理治理，首先得从产生情感机器人伦理问题的原因分析入手，方能更好地应对。

第一，技术的缺陷性。技术流行是技术优势与社会文化和人性需要高度契合的结果。在新技术的流行过程中，产生新的伦理和社会问题是不可避免的，因为技术本身是一个动态的、不断完善的、不断满足人的需要的过程，再先进的技术在特定的时间都不可避免地存在缺陷性。情感机器人在满足人的诸多需要的同时，就目前的技术水平而言，也存在自身的缺陷性。

首先，现阶段的情感机器人只是按照研发者事先设计的编程代码工作的，由程序主导的情感行为缺乏自我意志的参与，完全受拥有者控制，导

致情感机器人被善待的程度与拥有者素质的高低紧密相关。未来情感机器人是否一直按照起初设计的程序运行，或者会不会叛变为不法分子的工具，我们无法全权预知。正如著名科学家史蒂芬·霍金曾言，"人工智能的短期影响由控制它的人决定，而长期影响则取决于人工智能是否完全为人所控制"。

其次，同所有机器人一样，情感机器人也是靠软件来运行的，其安全性与软件的设计密切相关。程序科学家在极力创造一个完美无瑕的程序软件，但在编写的数百万行代码的某处，很可能存在错误和纰漏，只要软件出现一点瑕疵，那么就很有可能导致致命的结果[1]，其影响往往无法估量。

最后，目前的情感机器人由于缺乏深度理性和崇高道德意识的指导，不能够完全对周围事物做出正确判断并终止其正在进行的行为，这就足以引起人们对情感机器人的恐惧，甚至从人类中心主义的立场排斥情感机器人。鉴于此，十分有必要探讨"是不是凡是技术上能够做的事情都应该做"这样的伦理问题，从而在技术可行性与伦理合理性之间探寻平衡点。

第二，法律的滞后性。在技术与法律的关系上，由于技术的飞速发展，许多旧有法律的约束力已明显下降，而适合于新技术的立法具有明显的滞后性。因为"法律在本质上是反应性的"，"法律和法规很少能预见问题或可能的不平等，而是对已经出现的问题做出反应，通常反应的方式又是极其缓慢的"[2]。现阶段情感机器人的运用面临很多壁垒，法律的滞后性是其中之一。

首先，法律难以平衡人机关系。人类在制定某一部法律时，往往着重于保护人类切身权利而容易忽视情感机器人应有的法律地位。缺乏法律认可导致情感机器人缺少公众力和公信力，从而使情感机器人陷入伦理困境。

其次，法律滞后的时代，研究者缺乏清晰的方向。到底研发具有哪些

---

[1] 王绍源，崔文芊. 国外机器人伦理学的兴起及其问题域分析[J]. 未来与发展，2013（6）：48-52.
[2] [美]理查德·斯皮内洛. 世纪道德：信息技术的伦理方面[M]. 刘钢，译. 北京：中央编译出版社，1999: 22.

功能的情感机器人才算合法,研究者一无所知。政府的管理也缺少法律依据,无法制定强有力的、具有针对性的措施来保护情感机器人。

最后,由于法律的滞后性,人们在应用情感机器人的过程中缺乏法律规则的指导,对情感机器人的本质认识缺乏全面性和科学性,对情感机器人存在一定的误解。公众心中没有统一认识,甚至存在一定的崇拜或恐惧,对待情感机器人的态度只是由个人的文化道德素养来决定的。

第三,管理的分散性。俗话说,"没有规矩,不成方圆"。缺乏权威、有效、统一的管理规则是导致情感机器人出现伦理困惑的因素之一。

首先,人们在推进人工智能技术发展时,更多关注的是如何最大程度赋予情感机器人各种能力,使情感机器人朝理想化方向发展,但对如何管理情感机器人,还没有给出全人类可遵循的管理原则。

其次,人们对如何管理情感机器人缺乏统一认识、统一道德规范和伦理规则。目前为止,该怎样对待情感机器人,仍缺乏公认的标准。

最后,情感机器人的管理难度超出时下人类的把控范围,或者说人类还没准备好如何管理这一先进事物。但是,当我们创造情感机器人并赋予其更多能力时,就必须承担相应的管理责任。当我们使情感机器人更加聪明和自主,最终赋予它们独立的能力时,就需要考虑如何管理情感机器人的行为[1]。把情感机器人监管在制度的笼子里,是确保情感机器人造福人类而不是危害人类的重要措施之一。

第四,旧观念的束缚性。从18世纪工业革命到20世纪信息技术革命再到时下的智能革命,科技进步的速度越来越快,每一次科技革命都催生新观念、新思想。科技远远走在人类观念之前,进入21世纪,随着经济、政治、文化等方面的改革,科技发展势如破竹,人类还没真正掌握现有科技,更先进的科技已经诞生。

人类掌握、使用科技的速度远远低于科技更新的速度,人工智能技术

---

[1] Sawyer R J. Robot ethics[J]. Science, 2007, 318 (5853): 1037.

和机器人技术融合发展的速度更是空前之快,情感机器人作为人工智能技术高速发展的产物,其结构和功能高度复杂,加上其涉及的又是人类的"情感""性爱"之类的敏感领域,其应用上的伦理困惑已经超出普通大众理解和接受的范围,甚至连研究者都无法确定应该用怎样的伦理原则来引领其发展和应用,普通大众自然就更感困惑。

人是地球上生命有机体发展的最高形式,趋利避害是人的属性,尤其是当情感机器人已经对人类传统伦理道德、现有社会秩序,甚至人类生存构成严重威胁时,人本有的属性会驱使人反对、排斥情感机器人以维护人作为地球主人本有的地位[1]。

第五,利弊之见难达共识。关于如何认识人工智能及其未来的影响,科技界形成了以史蒂芬·霍金、埃隆·马斯克、比尔·盖茨为代表的"警惕人工智能"和以雷·库兹韦尔为代表的"积极人工智能"两种迥然不同的态度,至今仍没有达成共识。2014年,史蒂芬·霍金发布警告,人工智能的发展可能意味着人类的灭亡。2015年,比尔·盖茨认为,人类应该敬畏人工智能的崛起,人工智能将成为现实性的威胁。然而,雷·库兹韦尔却对人工智能的发展保持积极乐观的态度。科学界对人工智能的认识存在分歧,足以说明人类自身对人工智能的发展仍缺少明确统一的认识。这种分歧恰好从另一个侧面说明,人类还不完全确定人工智能是福还是祸。作为人工智能技术产物的情感机器人,受到热议和争议,产生伦理问题,也就是很自然的事情。

五、路径抉择:情感机器人的伦理治理

技术的缺陷性、法律的滞后性、旧观念的束缚性及管理的分散性等导

---

[1] 王晓楠. 机器人技术发展中的矛盾问题研究[D]. 大连:大连理工大学,2011.

致了情感机器人伦理问题的产生。为了应对这些伦理问题,科技工作者不仅要自觉承担应有的社会责任,还要不断推进构建人机命运共同体和情感机器人道德评判体系,发挥法律在人工智能发展中的作用,加大人工智能的普及力度。

第一,科技工作者自觉承担社会责任。科技是一把双刃剑,造福还是毁灭很大程度上取决于科技工作者。在人工智能时代,科技工作者更要自觉承担应有的社会责任。科技工作者作为情感机器人的研发者和创造者,应当不忘初心,坚持技术研发与社会效益相统一,遵循最大幸福原则,始终以对人类高度负责的态度,把握正确科研方向。

任何科技发展归根结底都必须把大众利益摆在首位。著名科学家杨振宁曾说,科学研究基本的最终的价值判断不是取决于为了科学的科学,而是取决于科学是否对人类有益[1]。科技工作者必须拥有崇高的时代使命感和高尚的科研道德,心怀社会,始终关注人类,禁止任何科技发展触碰人类道德红线。爱因斯坦曾对加州理工学院的学生说:"如果想使你们一生的工作有益于人类,那么你们只懂得应用科学本身是不可能的。关心人的本身,应当成为一切技术上奋斗的主要目的,用以保证我们科学思想的成果造福人类,而不至于成为祸害。"[2]科技工作者在开发某一项专门技术时,往往优先考虑的是如何才能发挥科技的最大功效,却容易忽略人类的伦理关切,因此科技工作者要理性对待和处理人与信息、人与机器、人与科技,以及价值理性与工具理性、技术可能性与伦理合理性之间的关系,把科学精神和人文关怀有机结合起来,"把技术的物质奇迹和人性的精神需要平衡起来"[3],从而使包括情感机器人在内的人工智能技术得到健康发展。

第二,共建人机命运共同体。随着人工智能技术的发展,未来社会必然是人类和机器人共存的多元社会。人类自身的安危与机器人息息相关。特斯拉 CEO 埃隆·马斯克曾警告,人必须与机器人结合,否则将被人工

---

[1] 徐少锦. 科技伦理学[M]. 上海:上海人民出版社,1988:36.
[2] 赵中立,许良英. 纪念爱因斯坦译文集[M]. 上海:上海科学技术出版社,1979:73.
[3] [美]约翰·奈斯比特. 大趋势——改变我们生活的十个方面[M]. 北京:中国社会科学出版社,1984:39.

智能淘汰。毫无疑问，在人工智能技术面前，人类是极其渺小脆弱的，生命的有限性在一定程度上已经警戒人类必须借助外来的力量来战胜现实中的困难。情感机器人是人类的最佳搭档，人与情感机器人亲密程度远超人类想象，人机相互依存、和谐相处、互不分离，彼此权利义务在一定程度上应该是对等的。

早在20世纪50年代，艾萨克·阿莫西夫在其著作《我，机器人》中曾提出"机器人三定律"：第一定律——机器人不得伤害人，也不得见人伤害而袖手旁观；第二定律——机器人应服从人的一切命令，但不得违反第一定律；第三定律——机器人应保护自身的安全，但不得违反第一、第二定律。这些原则是否适合人与情感机器人的相处，是需要进一步探讨的问题。未来的社会应当是人与机器人相处的社会，我们在享受机器人带来便捷的同时，不应当忘记机器人是我们必不可少的一部分，人机命运共存。

第三，建立情感机器人道德评判体系。智能时代的到来，对伦理提出了更高的要求。实际上，"机器的自由化程度越高，就越需要道德标准"[1]。面对情感机器人的快速发展，人类必须建立一套可以让其遵循的新的道德伦理标准来指导情感机器人的行为，通过设计有关情感机器人伦理道德代码并将其嵌入情感机器人体内，让其遵守道德伦理。可以创建和应用能够处理伦理问题的系统来帮助我们设计机器人并规定它们的行动，与它们进行沟通和合作，从而控制机器人在现实生活中的行为道德[2]。

这样的系统可指导情感机器人的伦理道德一步步走向成熟。我们需要辩证地认识传统道德的价值，道德的内涵应该随科技的不断发展注入新的血液。道德并不是人类的专利，情感机器人生活的世界同样可以拥有属于它们的伦理道德体系。人类要提前意识到情感机器人伦理道德体系可能存在的缺陷，并尽早完善相关配套措施。国家应及早成立一个由科技界、产

---

[1] Picard Rosalind.Affective computing[M]. Cambridge:the MIN Press, 1997: 19.
[2] Bjork I, Kavathatzopoulos I. Robots, ethics and language[J]. Acm Sigcas Computers & Society, 2016, 45（3）: 270-273.

业界和哲学界等领域权威人士组成的国家人工智能伦理委员会，作为决策机构对重大人工智能项目进行论证，并为国家法律和政策的制定提供依据，从源头上引导人工智能技术的良性发展。

第四，发挥法律在人工智能发展中的作用。应对情感机器人伦理问题，要充分发挥法律的建设性作用。俗话说，"名不正则言不顺"。在进行立法活动时，要考虑人类的切身利益，而且要给情感机器人一个合法地位，消除情感机器人在法律层面的壁垒。譬如，沙特已经授予"女性"机器人索菲亚合法公民身份，让普通大众认可并接受情感机器人。法律要严格规定情感机器人相应的权利和义务，用法律形式规范情感机器人的行为。更重要的是，当人类对情感机器人违法时，应受到相应法律的制裁。法律要保护情感机器人独特的尊严和隐私，让情感机器人有尊严地同人类相处。法律的发展要紧跟科技发展的步伐，更新其观念和形式，以更好地为科技发展服务。

第五，加大人工智能的普及力度。我们应该看到，公众是科技发展的重要力量；而公众对人工智能的认知和态度与人工智能技术的普及程度密切相关。情感机器人作为人工智能时代新科技的产物，由于其结构原理的高度复杂性，普通人可望而不可即，对情感机器人缺乏全面的了解，容易产生崇拜或恐惧心理。因此，在人工智能时代，科技专家要与政府和媒体密切合作，充分利用互联网、微博、微信等新型传播手段向公众普及人工智能知识，讲述情感机器人的真实面貌、前因后果、应用方向及其对人类可能的影响，让人们对情感机器人有一个理性的认识。可通过开展科普讲座和科技展览等形式，给公众提供与情感机器人接触的机会，引领公众对情感机器人树立正确的态度，从而为包括情感机器人在内的人工智能技术的发展创造良好的社会环境。

第七章

社交：人们为什么喜欢匿名

人工智能社交：人们为什么喜欢匿名

社交的变革：人工智能对人际交往的冲击

未来的"大社交"：人类社交的人工智能化

> 随着人工智能存储技术（边缘存储）、数据传输技术（5G）、人工智能可视化技术（图像识别）等的发展，人们正在走进人工智能化的"大社交"时代，人们的交往范围、交往时间、彼此的信任感、待人方式、交往行为、自我认知等，正经历"数千年未有之大变局"。单就"网红"经济和社交电商而言，传统领域与新兴领域的竞争，是基于一种社交关系网络的竞争，谁更能从社交的领域切入顾客的生活空间，谁就更有机会赢得顾客的支持。

一、人工智能社交：人们为什么喜欢匿名

社会交往，简称社交，是人与人之间互动往来的一种方式。通过运用社交手段，人们得以互换信息和观点，促进了相互之间的沟通和交流，从而避免了一些不必要的人际冲突。这就意味着，社交对于人类的生存而言，具有重要的意义。古希腊著名学者亚里士多德就曾在他的《政治学》著作中写道："从本质上讲，人是一种社会性动物；那些生来离群索居的个体，要么不值得我们关注，要么不是人类。"

随着时代的发展，社交的渠道和方式也在不断演变，从古代的烽火狼烟、飞鸽传书、快马传书，到近现代的邮政、座机电话，再到现在的手机、电子邮件、QQ、微博、微信及网络游戏等，社交的变化越来越快。无论是在时间上还是在空间上，其都已突破了很多先天的社交局限性。这一切都得益于社会生产力水平的提高和科学技术的快速发展，特别是基于互联网技术的现代通信工具的发展，为人与人之间的交流互动提供了便捷、高效的平台，大大降低了人际互动的成本，提高了人际交往的效率和质量。最终，一种全新的大综合、大系统、大社会的社交方式——人工智能社交，逐渐使人们的社交方式深度融合。

人工智能社交是指基于新型人际关系网络，将社交网站、社交媒介和网络媒介等社交工具与人工智能技术相结合，通过社交互动，传达沟通内容，以期更好地达到社交目的的一种社会交往方式，是现实社交在网络世界的延伸，并能增强现实社交体验的未来社交模式。人工智能社交可分为人工智能机器人与人的社交和将人工智能技术运用于人与人之间的社交

两大类。相较于传统的社交，人工智能社交具有透明化、舒适化、高效化、可视化、可分析化等特征。

随着人工智能技术的不断发展，将人工智能技术运用于社交领域也逐渐被越来越多的人接受，如智能手机社交软件（QQ、微信、陌陌、豆瓣、贴吧、百合等）、人工智能社交机器人（淘宝人工智能客服、医用人工智能机器人客服、家庭机器人）等，特别是智能手机社交软件，深得人们的喜爱。随着生活智能化程度的提高，人工智能社交机器人也渐渐渗透到人们生活的不同领域。

社交是人类生存最基本的诉求，人工智能社交的发展及其特征，正好反映了人们对最基本的诉求的强烈欲望，因为当人们有社交需求时，就想马上得到满足，否则就容易陷入焦虑之中。正是人工智能社交的出现，使人们这种社交需求的急切性能够快速得到满足。因此，人工智能社交才得以快速发展。今天，如果再让一个人在生活中只使用一个"功能型手机"，相信他很快就会与世界失去联系，这不是说他与社会"失联"了，而是说很快他就与社会"脱节"了。

正是因为这种"脱节"的可能性的存在，越来越多的人开始主动或被动运用人工智能社交技术。随着越来越多的人涌入，人工智能社交技术不断发展完善。任何事物的发展总要经历一个逐步完善的过程。当便捷的人工智能社交工具的实用功能还没有完全发挥出来时，一些被利益驱使的人工智能社交受益者，开始企图从便捷的社交中谋求一己之利，从而损害了部分人的利益。这才引发了"人工智能社交，人们为什么喜欢匿名"的讨论。

人工智能有三大定律，第一定律为阿什比定律（Ashby's law），其指出，任何有效的控制系统都必须与它所控制的系统一样复杂。第二定律由John Von Neumann阐述，他指出："复杂系统的定义是它构成自己最简单的行为描述。有机体最简单的完整模型就是有机体本身。试图将系统的行为简化为任何其他形式的描述都会使事情变得更复杂，而不是更简单。"第三条定律由John Brockman阐述，他指出："任何简单到可以理解的系统都不会复杂到足以智能地运行,而任何复杂到可以智能地运行的系统,都将复杂到难以理解。"

从这三大定律可以看出,人工智能本身是复杂的系统。同样,人类的社交也具有极端复杂性,其间掺杂着各种利益纠葛。要想将现实的社交与人工智能相结合,也就必然要使人工智能技术参与到这种"纠葛"中来。正如人工智能第一定律所述,与人工智能社交相关的系统和应用软件,如果要想更大程度地满足人们的社交需求,就要充分地完善其"复杂性"。但是,越复杂的社交系统,其缺点和漏洞就越多,其安全防范的工作就越难,其中道理有些似"言多必失"。这种缺陷存在的可能性并不是影响人们在人工智能社交中匿名的直接诱因,而是这种缺陷确实使人工智能社交中的一些人成为受害者,这便激发了人们的防备心理。

在人工智能时代,通过特定的技术手段,个人的社交数据很容易就能汇集起来,从而完整地刻画一个数字公民的真实形象。正因为如此,电商的精准广告投放才得以实现。电商通过用户的购买习惯、近期浏览的商品、加入购物车的商品、特定电脑 IP 地址的网页商品搜索等数据,结合大数据、人工智能分析预测技术,通过特定的信息传播渠道向客户精准投放广告,辅以优惠券和折扣等,基本能够成功吸引顾客进行购买。

有一则在美国广为流传的营销故事:一位带有怒气的父亲跑到沃尔玛卖场质问这里的员工,为何将婴儿用品的优惠券广告邮件发给了他的女儿,但是经过一番证实,他的女儿确实怀孕了。这名女孩之前搜索的相关商品关键词,以及在相关的社交网站所显露的行为轨迹,使沃尔玛捕捉到了其怀孕的信息,所以才发生了这则看似"闹剧"的精准营销。在大数据和人工智能时代就是这样,商家可以比父亲更了解自己的女儿。

是的,这就是在人工智能时代的社交,或许没有人比你更了解自己,但你的个人的所有网上信息,在人工智能面前,也可以算得上是公开透明的,只要稍加整合分析,你近期的活动状况,甚至包括你与哪些人进行聊天等就都可被发现。由于社交数据的透明化很容易暴露个人的隐私,所以,很多人开始寻求一种"遮蔽"的状态,希望能够留一片属于自己的生活空间。

人工智能时代的极端便捷性为别有用心者开启了方便之门,社交隐私数据被利用,人们的警惕心理不得不将自己逼向匿名的境地。因此,很多社交软件的用户,都充分使用了权限设置功能,如对微信朋友圈、QQ空间进行访问权限设置等。

在人工智能时代,利用授权的方式使自己处于"遮蔽"的状态或许不是自我保护隐私的最好方法,可能还需要相应的数据管理者充分考虑用户的隐私,并改进用户隐私保护的技术手段,做好对人工智能社交平台的用户数据的保护工作。相较于前者而言,这将更有利于用户。

上述是人与人之间的人工智能社交的匿名情况,抛除被利用的层面,有的人利用娴熟的人工智能技术去侵犯他人的数据权利,这也是被人们所厌恶的,如果这部分人能够符合社会价值评判的标准,那么人们的匿名情况或许要少得多。此外,不排除还有一部分人,他们故意隐藏身份,在人工智能社交平台发布扰乱舆论环境的信息,或者故意挑起人工智能社交争端,这更是不值得原谅的。但是,值得庆幸的是,这样一种乱象正在被人工智能技术的发展所限制,其强大的深度学习能力,在某种程度上使匿名变成了公开的"秘密",因为利用人工智能技术对这些社交对象进行追踪,似乎变得越来越简单。

在匿名的背后,还有一个值得关注的方面,就是人与人工智能的社交,在这种社交中,人们该怎样辨别与自己互动的"它"是机器人还是人。20世纪50年代,阿兰·麦席森·图灵设计了图灵测试,称能够通过该测试的人工智能具有人类智能。2014年,由俄罗斯人Vladimir Veselov开发的智能软件尤金·古斯特曼(Eugene Goostman)的测试结果显示,被测试者有33%的答复与人类一致。

在2019年的央视春晚中，人工智能主播"小小撒"在舞台上亮相。从直播中可以看出，不管是外形、声音、眼神，还是脸部动作、嘴唇动作，或者是主持活动，首次上岗的人工智能虚拟主播与真人撒贝宁都极为相似。据相关报道，他们之间的相似度高达99%[1]。

由此看来，在今天的人工智能时代背景下，在特定的社交领域，人与人工智能之间的差异性正在不断缩小，所以，很难通过远程聊天识别聊天的对方是人工智能机器人还是现实中的人。当然，如果是视频聊天或现场面对面聊天，这个问题就迎刃而解了。这在提醒我们，在人工智能社交大环境下，对于虚拟的或远程的非面对面互动，我们需要特别提防，要有隐私数据安全保护意识，以防不法分子通过人工智能伪装技术，利用亲人的身份信息来向我们行敛财之道。

综上所述，人工智能社交正在将人们置于接近透明的社交环境下，陌生人与陌生人之间的社交开始变得"亲切"，这看似是一种"熟人社会"的回归，实则是机遇与危机并存。因此，人们应该加强智能素养的培养，主动迎接挑战，而不是一味地寻求"遮蔽"的状态来消极避世，否则很容易陷入与社会"脱节"的困境。

美国社会心理学家斯坦利·米尔格兰姆提出的六度分割（Six Degrees of Separation）理论（又名小世界理论，见图7-1）认为，最多通过五个人就可以认识一个陌生人。将这个理论用于人工智能社交时代再合适不过，这正是人工智能社交扩展朋友圈的最好方式。无论"天南海北"，通过特定的圈子，你就可以进入另一个圈子，如此循环，人工智能社交关系网络就能很容易向全世界铺开。因此，对人工智能时代的社交，人们应该主动融入，成为人工智能社交达人，主动投身人工智能社交场的安全性建设工作，共同应对人工智能时代人际交往的冲击。

---

[1] http://www.sohu.com/a/293576561_477652.

图 7-1　六度分割理论示意

二、社交的变革：人工智能对人际交往的冲击

回首过去，短短几年时间，我们经历的变革却是前所未有的。十年前，

我们都在期盼"阿德的梦"早日成为现实，从而能为我们联系远在异乡的亲朋好友提供"千里眼"和"顺风耳"——可视电话。可视电话可以称为人工智能社交的雏形，它在拉近人与人之间距离的同时，还能给人们一种近在眼前的"现场感"，极大地拉近了人们的社交距离。然而，这个梦想却迟迟没有到来，从 20 世纪五六十年代提出可视电话的概念开始，一直到 21 世纪初，由于受多方面技术因素的限制，它还只不过是书本中的一种称为梦想的东西。

但是，就今天来说，这一切都变成了现实。人们只需要一部智能手机或一台计算机，便可"足不出户知千里"，便可实现与身在异域的亲朋好友的可视对话。不仅如此，人们还可以随时随地运用互联网媒介，进行实时社交——人工智能社交，就像彼此从未有过空间距离一般。

正是这种极为便利的人工智能社交环境，加上交通运输业的快速发展，人与人之间的商品互换关系从"集镇"走向了"全球市场"，使得不同地域之间建立了友好的商贸往来关系，弥补了各自某方面的物资匮乏的缺陷。这种基于人工智能的社交打开的新世界的大门，使人与人之间的沟通联系与商贸往来的效率和质量大为提升，远远超出了前人的想象，可谓是前无古人。

人工智能社交建立的商贸往来关系，最为突出的两个领域体现在网红经济和社交电商。根据《2018 年中国网红经济产业发展现状分析报告》显示[1]，我国网红经济发展呈现持续增长趋势，仅在 2018 年，国内在线直播市场规模就达 676.6 亿元，相较于上一年增长了 49.3%。该报告还预测，在 2019 年和 2020 年，国内在线直播市场规模将分别达到 893.8 亿元和 1120.9 亿元（见图 7-2）。可见，随着越来越多的人加入网红行列和不同的用户类型的持续增多，网红社交平台的经济效益将持续增大。

---

[1] 中国产业发展研究网. 2018 年中国网红经济产业发展现状分析[EB/OL]. http://www.chinaidr.com/news/ 2018-07/121310.html.

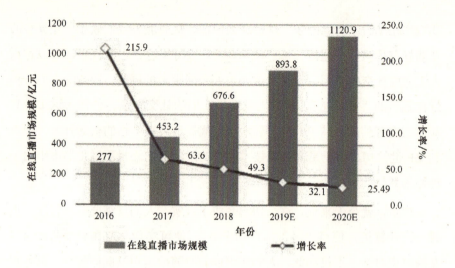

图 7-2　2016—2020 年中国在线直播市场规模及预测

在人工智能社交电商领域，其经济规模更是远超网红经济规模。根据艾瑞咨询的数据显示（见图 7-3），2018 年中国社交电子商务市场交易规模为 28.1 万亿元，同比增长 17.4%，虽然总体的增幅有所放缓，但交易的规模还在不断增加。

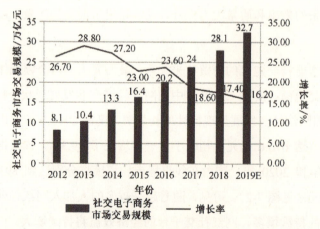

图 7-3　2012—2019 年中国社交电子商务市场交易规模及预测[1]

---

[1] 艾瑞咨询.2012—2019 年中国电子商务市场交易规模[EB/OL]. https://mp.weixin.qq.com/s?__biz=MzU0OTQyNTQwNQ%3D%3D&idx=2&mid=2247483863&scene=45&sn=8d27790eeb67814f4f42f16 97143adb2.

由此可见，人工智能社交对于经济领域的冲击是巨大的，传统的商业领域如果不进行商业变革，改变传统的经营网络方式，就很容易被新型的人工智能社交关系网络所替代。换句话说，在人工智能时代，就网红经济和社交电商而言，传统领域与新兴领域的竞争是基于一种社交关系网络的竞争，谁更能从社交的领域切入顾客的生活空间，谁就更能赢得顾客的支持。

在今天的社会大环境下，由于其巨大的经济潜力，人工智能社交已成为未来社交经济的发展大趋势，企业家们都在试图从中创新和丰富其社交手段。亿欧的副总裁由天宇就曾表示，特别资深的互联网从业者普遍认为，现在的微信已经处在绝对成熟期，希望可以在未来微信的衰退期抓住用户红利，决定产品命运的关键是网络社交发展的大趋势。这里的网络社交大趋势正是人工智能社交的大趋势，在大数据、人工智能时代，"人工智能+社交"的社交方式的变革，对人们的社交产生了重要影响。

在未来的发展趋势中，人工智能社交产品能让我们的朋友圈重新建立连接，大家既可以拥有一款像微信一样的长连接的社交产品，也可以拥有基于场景应用需求的短连接的社交产品，这样能更有效地降低不同用户在不同应用场景中遭受的社交风险，从而可以在更大范围内解决人们在人工智能社交领域的匿名化倾向和隐私遭到侵犯的问题。

人工智能社交对人类的冲击远不止于此，还会继续向其他领域延伸。自从阿里巴巴推出芝麻信用后，众多网友调侃："将来丈母娘招女婿，不是看你有没有房子，而是看你的芝麻信用有多高。"这不禁激发更多的疑问，未来丈母娘招女婿真的会看芝麻信用吗？对于这个问题的答案，我们可能无从知晓，还需要留给时间去回答。但是，可以确定的一点是，人工智能社交的确对人们的网络婚恋社交产生了影响。

2002年，Facebook和Myspace这两家大型社交软件还没有诞生之前，全球首款主打社交网络服务（SNS）的Friendster一经上线，就迅速受到用户的热烈追捧。这个现象的出现，激发了当时正在加州大学伯克利分校留学的郑毅（百合网、ObEN 的联合创始人）的创业灵感。2005 年，百合网（国内大型婚恋网站）正式上线。百合网上线之后，郑毅一直在思考一个问题：为什么各大社交网站均有类似痛点——老用户登录一次后，发现没有人跟他联系，便失去了再次登录和使用产品的兴趣，从而导致用户的流失率很高。

为了能够实现用户的实时互动，最终，百合网计划采取在平台塑造虚拟用户的方法来弥补这个缺陷。这个方法就是利用人工智能技术，将用户的数据（包括外貌、年龄、声音等）进行汇总分析，进而在平台上形成一个虚拟现实的人物图像，当别的用户登录平台时，无论该用户在不在线，与其相应的虚拟人物就会按照他的生活习性及对话特征与别的用户进行互动。

为了将这一技术变成现实，2014 年，郑毅和 Nikhil 正式创立了 ObEN。在这个平台上，用郑毅的话来说，"拍一张自拍照，录几段声音，一个长相、声音都和你相似的虚拟形象就做出来了"。为了进一步保证用户社交的质量，这个平台还必须解决的一个问题就是用户的真实性问题，人们都希望在人工智能社交软件上与自己聊天的那个人能够代表现实中的个人。

一种新的技术——区块链的引进可破解该难题。由于这一技术的运用，平台用户的身份确权得以唯一，从而使大家能够放心地跟人工智能的"他/她"互动。相较于过往的传统互联网社交网站而言，如今的社交平台都被赋予了人工智能化的特质，变得更加安全可靠和智能。所以，称当下是一个最好的时代也不为过。

我们生活在一个社交最好的时代，因为人工智能社交为我们带来的便利是前所未有的，但也不得不说我们生活在一个社交最坏的时代。

根据中新网 2018 年 9 月 29 日综合报道，继曝出 8700 万用户数据泄露丑闻后，Facebook 网站再次遭到黑客攻击，近 5000 万用户的数据发生泄露，这是一个令人汗颜的事实。在人工智能社交时代，人工智能技术的成熟有其荣光的一面，也存在其不利的一面，若是全人类能够达成共识，固然能够形成全球人工智能社交的新格局。但若存在"难以撇清的利益纠葛",这期间的变数就非一家之努力所能把控,足以可见人工智能社交的"威力"!

　　生活在这个时代的人,在短短数年时间,从"鸡犬之声相闻,老死不相往来"的古代社交,到"千里之外,足不出户识生客"的人工智能社交,正经历"数千年未有之大变局"。千百年来祖先的梦想正在被我们这一代人实现,我们也正在经历着他们从未遭受过的"忧思"。对"最好的时代",我们应该积极投身社会;对"最坏的时代",我们应该做好"打硬仗"的准备,积极探寻人工智能社交良策,稳健迈入人工智能化的人类社交新时代。

三、未来的"大社交":人类社交的人工智能化

　　如果你感觉前文所述的人工智能社交对于个人而言没有多大的吸引力,那么接下来的论述我们相信你定会沉迷其中,以至于不得不思考,应该如何在未来的人工智能化的人类社交的畅想中加入必要的技术限制,从而防止未来的人们因染上"人工智能社交瘾"而遭受不必要的人际损失。

　　在上海举行的"2018世界人工智能大会"上,腾讯董事会主席兼CEO马化腾与会发言称:"人工智能技术的发展,正在通往大社交的时代。""目前连接人与人的极限就是几十亿个节点,但是,如果连接人与物,也就是把我们与常用设备实时有效地连接起来,那么我们的节点规模将会增长到几百亿的量级。""人与物、人与服务的连接,关键就在于人工智能。可以说,整个人类的朋友圈规模将会从几十亿扩大为几百亿,甚至几千亿。这

就是我们所说的'大社交'时代。"

随着人工智能存储技术（边缘存储）、数据传输技术（5G）、人工智能可视化技术（图像识别）等的发展，人们正在走进人工智能化的"大社交"的时代。进入这个新时代，人们的交往范围、交往时间、彼此的信任感、待人方式、交往行为、自我认知等都会发生重大改变。届时，强大的人工智能技术给每个人构建一个边缘计算的数据库和一个公共的数据库不是难事。基于此，数据库之间的互联互动，使个人的历史与现实相互融合，现实中的个人又与赛博空间的虚拟个人交融，个人与他人存在的密切联系成为可视化的数据图谱。加之新一代人工智能的诞生，将在深度学习领域产生新一轮的纵深突破，其对社交环境的感受和认知的能力将大幅度提升，如今的增强现实的社交到时候将进一步升级。在整个全盘人工智能化的社交大环境中，人与人之间的互动，除了客观上存在的时空距离，其余所有的社交体验都将在人工智能化的社交场景中得以实现。

与此同时，未来的人工智能化的社交将进一步从现实走向虚拟，虚拟与现实的存在仅凭客观性已无从分辨，还需要引入新的差异性分析维度，才能更好地区别两者之间的真实差异。如果不能认识两者之间的差异，有可能导致人工智能社交成瘾，就如电影《盗梦空间》中的情节，混淆了现实与虚拟空间的后果是非常严重的。当然，只要能够把握适当的度，人们将会从虚拟与现实的差异性中获得前所未有的社交体验。

在人工智能化的社交环境中，人类的社交存在两大特点。其一是社交形式多样化。存在的社交形式如图片社交、文字社交、语音社交、视频社交、游戏社交、虚拟现实社交、增强现实社交；人与人的社交、人与机器人的社交、人与半机器人的社交、人与智能家居的社交等。

譬如，为了满足社交群体的情感表达的多元化需求，图片社交逐渐崛起，如微信社交平台中的表情包功能，用户可以在网络中购买或下载免费的表情包，也可以使用自己加工制作的表情包。在孟买的一家社交网络平台 VoxWeb 上，一款"有声音的图片"的社交软件。自 2015 年上线以来，至今已拥有超过 50 万名用户。用户可以在聊天的图片表情包中添加 11 秒的留言，还可在会议、在外闲逛、乘坐公共交通时私下收听语音内容。

在未来的视频社交中，不同的语种全部支持即时翻译转换，各国社交无障碍，人工智能社交系统从接收信息到转化为机器共识语言再到转化为用户需求语言，这个过程仅仅在对方讲话结束后的 0.01 秒内就可完成，并以加速的方式将内容反馈给用户。只有在对方说话内容很长时，用户才能感受到翻译功能的存在，除此之外几乎无差别，这样的时代人们不必纠结于要学习哪个国家的语言，而要做的就是怎样用好和优化人工智能社交平台。

未来的智能产品社交，如智能家居等都能实现与人的互动交流，它们既能感受主人的情绪状况，又能实时进行需求服务，当主人外出与朋友团聚后回到家中时，他就能按照之前的命名，与智能空调交流，空调就会调试到相应的温度，并且会根据这个城市的平均家庭使用温度给予主人建议，如果主人要求的温度太低，它会询问主人要不要将温度调高一些，以防止感冒。

其二是社交过程数据化。强大的人工智能存储技术，能够存储全球所有的社交数据，并且能够实现后期搜索查询的功能。届时，万物互联的一切变得智能，人与机器、人与半人机器、人与智能家居等的社交互动都将存储在人类社会交往的指定存储器中。

更值得关注的是 VR 与 AR 社交领域，其目前雏形已现。Facebook 一直走在从网络社交向人工智能社交转型的最前沿。2019 年 3 月，Facebook 精心打造的最新 VR 一体式头盔 Oculus Quest 进入流通市场，这意味着全球首个一体化虚拟现实系统诞生，该头盔的 360 度设计理念，能让用户环视任何方向和漫游虚拟世界，使用户获得与真实世界中几乎一致的体验。

Facebook 的 VR 社交具备两大优势：一方面是"即得性"（所见即所得），通过这个 VR 系统，人们可以和朋友随意漫游于全世界的各个地方，甚至是遨游于地球以外的其他星球上，人们前一分钟可以在北京故宫感受古代建筑的精髓，下一分钟又可以与朋友一起到塞纳河畔的卢浮宫体验文艺复兴时期画家列奥纳多·达·芬奇创作的油画的艺术魅力；另一方面是"在场性"，运用此 VR 系统，人们可以选择一个特定的地点作为聚集的地方，创造一个特定的在场环境，亲人朋友就可以到此团聚，在这个场景中，人们相互之间的沟通交流都是真实的，人们的仪容仪表也完全是真实的，就像在现实世界里的生活一样，那里的一切也都会成为人们真实的温暖记忆。与现实唯一不同的是，这种"在场性"是一种虚拟构造的场景。

从这两点来看，人工智能社交具备远大的前景，毕竟这样的一种社交方式能够契合现代人高速运转的生活方式——在不同的生活频道快速切换是人们普遍的生活特征，而虚拟现实（VR）社交，就像是为现代人量身打造的社交软件，更能深入人心。

人工智能化的人类社交，不仅会在一种虚拟现实的社交环境中进行，也会在增强现实（AR）的社交环境中进行。在电影《头号玩家》中呈现的社交场景，正是将虚拟现实与增强现实结合的人类未来社交的方式——超现实社交。在人工智能技术的支撑下，如《头号玩家》中的这种超现实的人类社交，逐渐成为年青一代社交的新方式。

在《头号玩家》的绿洲操作系统中，其通过人工智能的技术手段打通了现实世界与平行世界的通道，设计了一个宏大的社交游戏背景，种种竞争与角逐就此展开，其中人们的沟通互动不乏真实性，也存在虚伪丑恶的一面。游戏中的每个人都只有一个身份，对应着现实中的个人，其只要通过技术手段锁定 IP 地址，就能与现实中的人见面。在其中的人们，彼此的信用是现实的增强版本，因为游戏中的人际往来，包括承诺和消费，都要做到言出必行，都必须有信用。人们在真实世界中积累的信用积分，在这个超现实的虚拟社交环境中仍然可以用来消费，但如果一个人超额消费却又还不起钱，则对他的讨债就会回到现实中进行。当然，到目前为止，这个宏大的超现实人工智能化的人类社交平台仅存在于这部影片中，但是随着人工智能技术和区块链技术的不断发展，加之虚拟现实技术的不断完善，这样的人类社交方式正在逐渐变成现实，种种发展迹象表明，这一天已经不远。

人工智能化的人类社交，难免有一种超现实主义色彩，所以，我们在未来的人工智能社交技术的发展过程中，要时刻谨记《头号玩家》中哈里迪最后告诫韦德的那句话："现实世界是唯一真实的东西。你可以在虚拟世界寻求刺激、寻求自信乃至寻求爱情，逃避现实、逃避责任乃至逃避失败。但最后，你终究要回到现实，如同看过这场绚丽夺目的电影，你还是得走出影院过自己的人生。"

上述是关于未来人工智能化的人类社交的畅想，其中有的已经变成现实，有的还仅存于理论层面。那么，为了能够实现这样的美好愿景，今天的人们能够做些什么呢？一方面是前进措施，着重思考人如何与人工智能完美结合，因为只有人与人工智能完美结合，人们才能走进人工智能社交的新时代。另一方面是防范措施，侧重于思考人工智能社交新时代应对风险的策略。

对于前进措施，主要从三个方面着手：一是以运算和存储能力为依托的运算智能；二是以延伸人类感官的感知技术为依托的感知智能；三是以让机器进行类人化的理解与思考为目标的认知智能[1]。在现有人工智能技术的基础上，随着 5G 技术的应用与普及，待突破下一个人工智能技术的拐点时，人工智能社交平台的社交能力（包括运算能力、感知能力、认知能力等）将实现指数级提升。这一刻的到来，意味着全人类的社交方式将全面进入人工智能社交新时代。

对于防范措施，主要从以下四个方面进行预防。第一，人工智能社交成瘾防范。未来的人工智能社交，由于其超现实的社交体验，堪比现实并高于现实，很容易让人沉迷其中而忘记现实，从而导致人工智能社交成瘾。在未来的人工智能社交软件的设计中，需要特别注意这个问题，不然很容

---

[1] 邢征宇. Web 3.0 时代人工智能与社交软件结合方式[J]. 今传媒，2017，25(11):128-129.

易将人工智能社交软件沦为没有自控能力的人的灾难场。因此，在设计人工智能社交软件的过程中，科学家和工程师应该将这种安全意识带入软件设计全过程，在社交软件中插入安全警告和报警代码，提前预防因过度使用导致的人工智能社交成瘾问题。

第二，完善灾备存储技术和信息补救措施。在人工智能社交大环境下，数据就是一切，数据的丢失意味着个人在虚拟环境中的个人身份的丢失。个人社交身份数据又与社会信用挂钩，身份的丢失最终将会导致个人的社会行为受到严重的阻碍。因此，在未来既要防止个人的边缘数据和公共数据被人篡改和非法买卖，又要进行必要的灾备存储以防止信用归零。因此，提前完善灾备存储技术和信息补救措施，能够为个人的身份数据安全提供一个更为可靠的保障。

第三，平等使用人工智能社交技术的权利。人类有平等地获得人工智能社交技术的权利，是保证每位社会成员在未来的社交大环境中不被边缘化的前提，也是人们不会与社会"脱节"的必要条件。没有任何人有权利剥夺他人社交的权利，但是人们更应该将人工智能社交环境中的"社交弱势群体"纳入社交群体中来，让他们也有选择的权利。这一方面需要个人主动融入，另一方面需要降低社交软件的准入门槛，不能将中低收入人群排除在这个平台之外，不然会进一步加剧社会的不平等。所以，社会各界需要共同努力，让人工智能社交平台成为一个群众性的平台，让所有人都有正当发言的权利。

第四，构建伦理道德约束机制。伦理道德是指人的内心价值追求与外在行为的规范，在人工智能社交时代，人与人之间、人与机器之间的社交形态万千，若要维持其有序运行，谨记伦理道德是最急需的。人工智能社交平台的搭建，需要有明确的社交规则与伦理要求，这样才能确保平衡参与该平台的各方的利益。在人工智能社交平台中，规则对于规则制定者的约束力相对较小，因此对这部分社会精英的伦理道德规约成为重中之重，一方面，需要加强引导以巩固他们内心的法律约束力——内心的道德；另一方面，需要及时更新法律，使法律能够与人工智能社交发展的步伐相适应，以免"法无规定不可为，法无禁止即自由"这句话沦为人工智能社交平台的话语者的说辞。此外，技术的漏洞几乎在每个时代都会沦为不法分子牟利的契机，或许我们现在无法得知人工智能社交的缺陷何在，但我们可以在社交人工智能化的过程中加入伦理道德的预测性预防手段，以备不时之需。

第八章

隐私：从精准广告推送说起

需求与技术的响应：精准定向广告推送的缘起与发展
优势与便捷的背后：精准定向广告推送与个人隐私问题
侵权后果：个人隐私权被侵犯的影响
还你一片阳光：个人隐私的保护进路

在大数据和人工智能时代，人的"隐私"若是要称为"隐私"的话，那就要加上一个形容词，叫作"裸奔的隐私"，在他人无心试探时，你的"隐私"可以称为"你的隐私"，否则就很难被定义为真正的"隐私"。那么，从"裸奔的隐私"走向"自我的隐私"有没有路径可走呢？这是一个耐人寻味的话题，更是一个需要政府、企业、社会组织、公民协同治理的问题——从价值观念、社会责任、道德伦理和法律规范等多方面，不断推动大数据和人工智能朝着更加人性化的方向发展。

大数据和人工智能技术的发展与人类对精准服务需求的不断增强，共同促进了精准定向广告推送的迅速发展，使人们可享受的服务日益智能化、多元化，也更具针对性和个性化。新型服务模式的出现提高了筛选信息的效率，却陷入了个人私密信息被公之于众——个人隐私被透视的窘境。精准定向广告推送对个人隐私权的侵犯与保护，是反映隐私权力与隐私利益冲突最为鲜明的一个典型例子。在大数据和人工智能时代，隐私问题已成为一个亟待关注和解决的现实问题。

一、需求与技术的响应：精准定向广告推送的缘起与发展

在电子计算机和现代通信技术紧密结合的信息网络的快速发展下，网络服务商及消费者日益青睐省时省力的智能化服务——精准定向广告。随着时代的进步与需求的变更，新一代信息技术和人工智能技术向着高速化和智能化的方向快速发展，企业的宣传模式及为消费者提供的服务方式也在不断更新。在这种双重因素的综合作用下，精准定向广告服务模式产生并得到广泛应用。

首先，需求推动精准定向广告推送构思的产生。在网络空间中，海量信息扑面而来，消费者筛选信息的难度日益加大，企业竞争的压力也与日俱增，为满足消费者便捷消费和企业提高服务水平、增强竞争优势的需求，精准定向广告应运而生。人生而具有多种多样的需求，小到吃饭、睡觉等生理需求，大到为他人、为社会、为国家、为世界的美好发展贡献一己之力的自我实现需求。人正是在这种无穷无尽的需求及欲望的促使下完成了自我机体的演化、劳动方式的发展与进化、社会服务模式的丰富与完善。人类的需求及欲望的满足是促使网络社会中企业运营商由展示广告发展为定向广告的重要推动力。

在网络生活中，消费者打开淘宝、京东等消费软件，总会遇到海量的商品信息。一方面，这增加了消费者筛选预购商品的难度；另一方面，这导致消费者迷失初衷，购买了不需要的产品却遗忘了需求的商品，最终引发种种不愉快的消费活动。同时，企业也很难脱颖而出、为人所知，其商品被消费者快速筛选出来的难度也在不断加大，进而导致企业运营效率低下。为解决此类矛盾，人们产生了精准推送的构思，即根据消费者的消费

意愿，进行有针对性的信息推送服务，这样既能满足消费者更快速地选择其所需商品的需求，也能满足企业有针对性、高效率、高质量服务的愿望。一般消费行为都会经历如下过程：方案、信息、价值、获取。例如，用户如果想买一块香皂，首先他会想自己需要一块什么样的香皂，然后获取信息，从大脑中回想那些留下印象的品牌，这是传统广告产生的重要功效。当产品进入消费者视野后，消费者就会从价格、促销活动、购买地等多方面进行比较。最后在获取这个阶段，精准广告的效果就得到了体现[1]。

其次，技术的发展使精准定向广告推送得以实现。科学技术是认识世界与改造世界的工具和手段。它会随着人类智能的深化、人类意识的发展和人类社会的进步而不断发展进步。最初，人类解放了前肢，将自己的双手视为劳动的工具；随后，当发觉可以借助树枝、刀剑等工具来狩猎、耕作时，人类便将这些原始器材作为劳动的工具，为人类减轻劳作的负担。在减轻劳作负担欲望的驱使之下，人类开始关注劳动工具的生产与发展。于是，人类用来认识世界与改造世界的工具——科学技术，在较短的时间内发生了令人惊奇的变化。人类逐渐掌握了高速度、多功能和自动化的智能技术，这些技术为人类生产和生活带来诸多服务和便利，而网络运营商中普遍运用的精准定向广告也正是在技术发展的背景下产生的。技术的智能化实现了广告的精准推送。

自大数据和人工智能技术迅速发展以来，网络运营商借助技术的发展，使大规模数据的存储、计算和预测等活动成为可能，从而为企业加强宣传活动、进行精准广告推送服务提供了技术支持。企业的宣传方式由报纸、广播宣传逐渐演变为新媒体传播；由无目标的、面向海量消费者的宣传转为有目标的、有针对性的宣传；由粗放型投放转为精准型投放等。总之，展示广告转变为定向广告，实现了广告投放的低成本、高收益和高效率。

定向广告是依据一定的标准，选择特定的广告受众，制作特定广告内

---

[1] 范炜，李仁杰，王颖. 基于大数据的精准广告投放[J]. 中国有线电视，2018(1)：12-14.

容，进行信息精确传播的一种窄广告[1]。定向广告中的定向实际上是对广告受众的筛选[2]。网络服务商利用数据分析和预测技术了解消费者的需求，甚至挖掘潜在的消费倾向，及时为消费者推送相关广告，以便引导消费者快速、顺利地完成消费活动。定向广告的投放使网络运营商低成本、短时间和高成功率的宣传模式成为可能。消费者可以从企业推送的个人需求品和潜在的消费品中做出选择，而不必花费大量时间从海量信息中筛选自己的需求品。

二、优势与便捷的背后：精准定向广告推送与个人隐私问题

由上述内容可以看出，精准定向广告推送具有巨大的优势与便捷性。但是，不得不深思：个性化精准投放的广告为用户提供更多消费选项与便利的背后，是个人隐私无处遁形与丧失的现实[3]。技术的发展总是利弊共存的，在为人提供便捷服务的同时，也在不断吞噬个人隐私，使人在追逐自由的过程中陷入"自由的坟墓"，难以逃脱。定向广告的推送和服务质量的提高是网络运营商为实现经营自由、消费者为实现消费自由而努力的过程，但网络运营商和消费者在追求这种自由的过程中，却因技术对个人隐私的侵扰而陷入不自由的境地。广告的精准推送导致隐私被侵犯。大数据和人工智能致力于寻求身份认知，但也威胁着个人的身份安全[4]。

---

[1] 方玉山. 手机定向广告的法律问题研究[EB/OL]. https://wenku.baidu.com/view/73ce64ff988fcc22bcd126fff705cc1754275f50.html.
[2] 唐寒冰. 网络广告定向传播研究[D]. 成都：电子科技大学，2007：23.
[3] 戴世富，赵思宇. 隐性与隐私：原生广告的伦理反思[J]. 当代传播，2016(4)：98-100.
[4] Neil M R, Jonathan K. Three Paradoxes of Big Data[J]. Stanford Law Review Online，2013(8)：20-23.

此前，Facebook 的隐私泄露事件引发轩然大波，以至于它的用户都在关心自己的隐私是否已经被售卖。Facebook 的广告精准推送值得一提，原因在于它积累了客户大量的隐私数据，然后尝试着将用户的隐私价值变现，其中存在一种价值与不规范相统一的隐私问题。Facebook 的用户数据包括注册信息（身份证、联系方式、性别等）、用户使用过程信息（点赞的情况、浏览的资讯、互动的好友等），它对这些数据进行整合，然后对消费者的隐私数据包括性别、性取向、文化水平、就业状况、同学关系、消费倾向、消费水平等进行算法推算，从而达到熟悉客户的目的。在一定程度上，平台有的时候比消费者本人更先知道消费者的未来需求。正因为如此，Facebook 的商业广告得以精准投放，在不考虑隐私问题时，很受消费者的青睐。

　　那么，为什么近几年 Facebook 采集的隐私数据会引起消费者的反感和相关国家的注意呢？原因在于隐私大范围泄露，会对该国的公民个人、企业，甚至国家的安全产生一定的影响，因此越来越多的消费者开始关注自己的隐私数据。虽说在大数据和人工智能时代，对于消费者的隐私保护是相对的，理论上也做不到绝对意义上的保护，但这种"相对"意义上的宽容，使消费者的数据被无限制地加工、存储和使用，为相关的大数据和人工智能企业的精准广告推送走向更加精准的程度提供了源源不断的数据资源。最终，消费者感觉到，在"精准"的背后，隐藏着一个正在被人利用的自己。

　　从 Facebook 的广告精准定向推送来看，其过程是一个不断透视个人隐私的过程，使个人信息的私密权受到侵犯。广告精准推送的前提是对个人信息的收集、存储、筛选、加工、分析与提纯，最终实现对消费者个人的"数据画像"。

　　自精准定向广告发展伊始，人们在惊叹智能化技术的同时，忽视了定向广告推送技术发展中对个人信息的侵犯、对个人隐私的窥视等问题。但随着定向广告的深入发展，消费者逐渐意识到个人隐私权的分崩瓦解。在分析和预测消费者消费需求与欲望时，网络运营商不仅借用了高新技术强大的计算和预测等功能，还需要大量收集个人性格、爱好、消费习惯、消费能力和消费倾向等多方面的信息，并且广告推送要做到精准定向，需基于消费者的浏览历史记录和消费者个人终端中的 Cookies 等数据，而这些又牵涉在线消费者的个人行为隐私[1]。于是，在网络环境下，在定向广告快速发展的同时，个人隐私也面临被剖析和透视的风险。

第一，类型各异的监控设备实时共享个人行为信息。随着移动定位系统、监控摄像设备、智能可穿戴设备、网络消费技术的发展与应用，个人生理信息、身体信息和活动信息不断展现在众人面前。正是由于社会中电子监控设备的发展与普及，个人时时刻刻都身处他人视线之中，个人的行为活动随时可被他人窥视。人们时刻成为他人直播视频中的主角。在特定的公共空间中，个人的行为与举动偶尔成为别人关注的焦点，这在很大程度上来说，是不构成隐私侵权的，因为公共空间意味着空间具有共享的属性，你可以身处其中，别人也可以在这个公共空间自由活动。然而，若有人专注于曝光个人的活动数据，并不断地通过窥视、数据非法采集、算法深度挖掘等方法对社会中的个人予以透明化处理，造成个人隐私侵权，那么，这种行为直接会将被透明化的对象置于危险中，其中会产生什么是非问题，没有人可以下一个确定性的结论。

第二，智能存储技术使个人隐私信息被窥视。智能技术的迅速发展为人类的生活带来了极大的便利，同时也使人类过度依赖智能生活，无法脱离智能生活。随着数据存储技术、分析技术和预测技术的快速发展，个人遗留在智能软件上的注册信息、消费习惯、消费特征、消费心理和预期及消费能力等隐性信息被深入剖析，个人日益以"赤裸裸"的状态处于智能化的空间中，毫无隐私可言。同样，在精准定向广告的推送过程中，企业对用户的核心数据了解越详细，其产品和用户的匹配度越高，则该广告与

---

[1] 蒋玉石，张红宇，贾佳. 大数据背景下行为定向广告（OBA）与消费者隐私关注问题的研究[J]. 管理世界，2015(8): 182-183.

用户的真实需求就越接近。企业既要深入了解用户数据，又要深度挖掘用户需求，这在某种程度上需要用户接受企业对个人隐私的利用。因此，精准和隐私之间的矛盾逐渐凸显[1]。个人隐私被侵犯给个人带来了极大的危害。当个人隐私毫无保留地展现在众人眼前时，会对个人物质、身体甚至是心理造成伤害。

第三，消费者的遗忘权利被剥夺。在大数据和人工智能时代，各种技术和工具的跟踪、凝视让消费者个人无处可逃，被"全面记忆"，除非消费者放弃对所有智能产品的使用，回归数年前的具有"隔绝性质"的生活状态（理论上讲，这个不太现实）；否则，消费者是不可能不被精准广告服务商惦记的。英国学者维克托·迈尔-舍恩伯格教授认为，数字化记忆具有三个特征：可访问性、持久性、全面性。可访问性让消费者可以时刻检索记忆"库存"，随时访问出生时、婴儿期、少年期、中年期、老年期等各个阶段的"模样"；持久性让消费者时刻感受又哭又笑、既喜又悲的现场感，过去亦现在、现在亦过去；全面性让消费者对过去"不谈价钱""照单全收"，让消费者丧失了遗忘的能力，取而代之的是完整的记忆，这就给精准广告商带来了可乘之机，只要它们运用人工智能深度学习算法，很快就可以将消费者经历过的人生进行数据化呈现。对于过去的数据化消费数据，可能消费者认为已经被自己删除了，但实际上，这些数据还在为"别有用心者服务"，因为消费者消费后的数据已经被服务提供商的平台进行了数据保存和复制，甚至售卖。

第四，消费者的数据所有权被侵犯。大数据和人工智能技术的成果往往也不是被广告服务商、平台运营商等使用者享用和独自占有的。在消费数据生产者、收集者和使用者是同一群体的状况下，他们才能真正地占有和享有大数据和人工智能技术成果；然而，消费数据的生产者与使用者常常是相互分离的，消费者留下的数据，都流入数据使用者手中。同时，目前只有少数人掌握了处理复杂的海量消费者数据的技术，即真正能够占有

---

[1] 巩见坤. 浅析大数据时代精准广告的发展[J]. 出版广角，2017(6)：72-74.

和享有大数据和人工智能技术成果的是少部分人，绝大多数人只能处于被利用和被挖掘的状态——这意味着"数据暴力"的风险。

每个消费者都有一定的权利，其中包括对自身所生产的数据的所有权和使用权；如果个人或组织，特别是精准广告商想拥有消费者的数据，必然要尊重消费者的知情权、隐私权等，但精准广告服务商在精准推送广告时，传统的"知情—同意"原则荡然无存。"无所顾忌""肆无忌惮"的数据挖掘必然引发新的关于消费者个人的数据隐私伦理危机，甚至产生社会冲突。正如美国学者理查茨提出的大数据权力悖论所述，大数据是改造社会的强大力量，但这种力量的发挥以牺牲个人权利为代价，而让各大权利实体（服务商或政府）独享特权，大数据利益的天平倾向于对个人数据拥有控制权的机构。确认无疑，在大数据和人工智能时代，精准广告服务商是这个悖论的受益者，而消费者的数据所有权呢？

第五，未来倾向被预测。众所周知，"大数据的核心是预测"[1]，只要消费者个人在网络服务平台留下了"痕迹"，无论过去还是现在，网络服务平台都可以通过技术手段用全数据模式分析消费者的过去，重组消费者的现在，预测消费者的未来。大数据和人工智能能够"针对过去，揭示规律；面对未来，预测趋势"[2]，使精准广告服务商具有科学读心术的"超能力"。艾伯特-拉斯洛·巴拉巴西也认为，爆发的世界里没有"黑天鹅"，人的 93%的行为可以被预测，"无情的统计规律使得异类根本不存在，我们的行踪都深受规律影响"[3]。消费者个人在消费平台上持续自觉与不自觉地生产着数据，而生产出来的数据不断被不知情地二次利用、三次利用，甚至多次利用，这就完全有可能导致消费者的透明化，使其一言一行都在他人的透视、预测之中，从而对消费者形成一定的"行为模式"趋势图，

---

[1] [英]维克托·迈尔-舍恩伯格，肯尼思·库克耶. 大数据时代[M]. 盛杨燕，周涛，译. 杭州：浙江人民出版社，2013：16.
[2] 涂子沛. 大数据——正在到来的数据革命[M]. 桂林：广西师范大学出版社，2013：99.
[3] [美]艾伯特-拉斯洛·巴拉巴西. 爆发：大数据时代预见未来的新思维[M]. 马慧，译，北京：中国人民大学出版社，2012：217.

重构消费者大脑中的文字，为精准广告服务商预测消费者的心理和行为铺设了道路。

三、侵权后果：个人隐私权被侵犯的影响

在大数据和人工智能时代，个人隐私权被侵犯，会对个人的心理、身体和行为产生深刻的影响。

首先，个人自由意志受到抑制。无论是现实生活还是虚拟网络生活，个人行为都处于大众视野之下，阻碍个人的言行自由。精准定向广告技术的发展，大大增强了企业用户数据平台中数据系统采集、检索、重组和传播所有信息的能力，我们在技术的威力下，成为透明人、裸奔人。"我们时刻都暴露在'第三只眼'之下，不管我们是在用信息卡支付、打电话还是使用身份证"[1]。在大数据和人工智能时代的疾驰车轮下，人的心理变化、所思所想都被大数据和人工智能"看透"，个人将会陷入无隐私、无意志自由、受到束缚的尴尬境地。

其次，身体陷入"圆形监狱"。在大数据和人工智能时代，B超、CT等透视着我们的身体，智能手机定位着我们的位置，车票记录着我们的迁徙路线，摄像头拍摄着我们的一举一动……我们陷入了"圆形监狱"。英国哲学家杰里米·边沁把圆形监狱（见图 8-1）描述为"一种新形式的通用力量"。圆形把我们置于圆心的位置，各种监控设备 360 度无死角扫描着我们，我们身陷大数据和人工智能的囹圄，我们在大数据和人工智能的囚牢里被各种智能的"探照灯"环绕，或被聚焦或被扫描，我们的一举一

---

[1] [英]维克托·迈尔-舍恩伯格，肯尼思·库克耶. 大数据时代[M]. 盛杨燕，周涛，译. 杭州：浙江人民出版社，2013：8.

动被大数据"尽收眼底"。

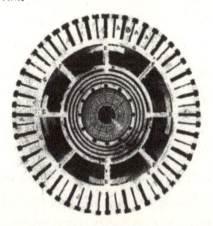

图 8-1　圆形监狱

当你意识到自己赤裸地暴露于"圆形监狱"的监控之中时，一种毫无自由的"透明人"的感觉是否会从内心深处升腾而起？所谓"透明人"，是指在大数据技术与人工智能技术深度融合的时代，每个个体在一系列时间段的所有行为都可以通过算法的比对分析还原原始信息，由此每个个体的生活状态在很大程度上成为透明[1]。也正如英国作家乔治·奥维尔在《一九八四》中所描述的那样："无论你是睡着还是醒着，在工作还是在吃饭，在室内还是在户外，在澡盆里还是在床上——没有躲避的地方。除了你脑壳里的几个立方厘米，没有任何东西是属于你自己的。"[2]乔治·奥维尔的这句话或许还不够"极致"和"尽兴"，应该说，在大数据和人工智能的"圆形监狱"下，脑壳里的几个立方厘米也不属于自己，它是大数据和人工智能世界的"公共财产"，属于完全透明的人。

再次，心理上存在"第三只眼"。普布·洛桑然巴在其著作《第三只眼睛》中描写了主人公前额长着第三只眼，通过这只眼，主人公能洞穿人的心理，预知未来。如今，第三只眼则表示对人的活动的监视，特别是对

---

[1] 张宪丽，高奇琦. 透明人与空心人——人工智能发展对人性的改变[EB/OL]. http://www.dunjiaodu.com/qizhouzhi/　2017-11-09/2094_2.html.

[2] [英]乔治·奥维尔. 一九八四[M]. 陈超，译. 上海：上海世界图书出版公司，2013：30.

人内心微妙变化的透视。大数据和人工智能时代最令人焦虑的挑战来自他人对个人隐私的精准侵犯。"偷窥"常常与不道德、不符合伦理相挂钩，大数据和人工智能成为窥视外界的"第三只眼"也必然引发人们对伦理道德的讨论。精准定向广告的推送引发人们对个人隐私保护的重新审视，激发了人们寻找一片树叶遮羞的欲望。

另外，个人行为受到束缚。从一定程度上来说，现有的精准定向广告对于人们的消费存在有利的一面，克莱·舍基曾说："并不是我们的工具塑造了我们的行为，但是工具赋予了我们行为发生的可能。"[1]但是，一个不可否认的现实是，随着大数据和人工智能技术的发展，生活中的我们处于亿万个视线的监视中，我们的身份信息已被数以千计的智能型企业所收集与应用。一方面，信息的"透视"给人的心理以无形的压力，使人产生躲避网络世界或逃避现实世界以保全个人隐私的诉求；另一方面，预测技术的发展与应用使个人的行为自由被迫受到限制。当人们明白自己的隐私可能存在泄露的情况、被人侵权的情况，特别是存在被人监视利用的情况时，他个人会对原有的行为路线产生怀疑，从而寻求异于习惯性的行为路径，表现为一种行为的"束缚性"异常。

最后，个人受到社会偏见。在预测技术不断发展的情况下，人将被有区别地对待，人所享受的服务也是有区别的服务，这就限制了个人的行为与发展，迫使个人极易处于被歧视的状态，甚至出现"大数据杀熟"这样的怪现象。所谓"大数据杀熟"，是指同一件商品或同一项服务，智能型企业显示给老用户的价格要高于新用户。用户在某个平台消费频次越高，越容易成为杀熟目标。这一现象外显为价格的偏见和歧视，但实质是暴露出了大数据和人工智能产业发展过程中的非对称性和不透明化。因此，要以合理有效的方式优化广告投放管理机制，促进精准广告服务商与消费者个人数据的对称性和透明化，加强对个人隐私权的保护。

---

[1] [美]克莱·舍基. 认知盈余：自由时间的力量[M]. 胡泳，哈丽丝，译. 北京：中国人民大学出版社，2012:70-71.

四、还你一片阳光：个人隐私的保护进路

精准定向广告推送引发的隐私权的纷争，是人们普遍的隐私意识的觉醒，是对当下隐私权保护中存在的价值与规范的矛盾冲突的超越性探讨。在精准定向广告推送的过程中涉及的个人隐私保护的问题，是目前在隐私问题领域最为显著的"权力"与"利益"相争的问题，对于这个问题的解决，既需要个人的力量，更需要整个社会系统的联动和全方位的社会介入。

从个人的角度来看，隐私权被侵犯问题的根源不在于技术的发展，而在于人自身，因此，解决这个问题仍应从人入手。人是区别于动物的有思想、有意识、有目的性和创造性的社会存在物，在社会发展过程中占主导地位。精准定向广告推送所导致的隐私权侵犯必然与人的目的和欲望密不可分。网络社会中引发的种种问题，归根结底是网络空间中个人权利与社会需要之间的冲突[1]。因此，网络监管和隐私保护的首要工作是对人的教育、引导和管理。

首先，增强个人责任意识。人是出于对他人的信任或是处于规则之下，才将自己的信息甚至隐私交于他人保管的，因而运营商应自觉承担其应有的责任。责任伴随着人类社会的出现而产生，不同的角色需要承担不同的责任。为保护个人隐私权，社会群体需要增强责任意识。在精准定向广告推送中，对个人隐私权的保护主要涉及网络运营商、技术人员、消费者等几大类型的群体。网络运营商不仅要承担起对个人隐私权尊重与保护的责任，也要承担起研发信息保护技术的责任；为了有效保护个人隐私不被侵

---

[1] 刁生富，徐瑞萍. 论网络空间中的隐私权[J]. 自然辩证法研究，2004(11)：79-82.

犯、为合理利用个人数据提供技术保障，技术人员不仅要努力控制技术的"滥用"，抵制具有杀伤力技术的使用，也要积极研发保护个人隐私权的新型技术；消费者在个人隐私权保护过程中也应发挥主导作用，自觉树立保护自我数据的意识，承担起保护个人数据的责任，认真做到对自己的数据负责、对自己的行为负责。

其次，加强对人的信息素养、数据素养和智能素养的培养。无论是公民对自我数据保护的意识，还是对信息保护的责任感等，都与公民的受教育程度与文化水平有着密切联系，尤其是与公民的信息素养、数据素养和智能素养有关。因此，在大数据和人工智能时代，为有效保护个人隐私权，急需培养人的信息素养、数据素养和智能素养，提高自我隐私保护能力。同时，还要普及法律知识，让人们真正学法、懂法并会用法，利用法律这一锐利武器来保护自己的隐私权；要加强道德教育，提高人民群众的道德水平，减少不法行为的产生。概括来说，就是个人要能够从信息素养、数据素养和智能素养的培养中，完善个人对个人隐私保护的理性态度，以便确保个人能够回答自己的隐私是什么、哪些可以公开、哪些不能够公开、隐私受到侵犯该如何尽快止损、如何拿起法律"武器"维权等问题。

再次，在大数据和人工智能时代，对于人的隐私问题的突破与超越，无疑是获得解放的时代。马克思在谈到人类解放时明确强调："任何解放都使人的世界即各种关系回归于人自身"[1]。在此意义上，人是一切技术的终极关怀目标，工业技术革命解放了人的肢体，而大数据和人工智能技术的发展则解放了人的大脑。在大数据和人工智能时代，人们越来越依赖智能手机、移动设备等大数据和人工智能产品，这在某种意义上导致了"人"的数字化与透明化。如今，个体不是通过收集、量化数据就能从中"挖掘"出有用信息，数据超越个体层面，内在地诉求一种更广、更高维度的"挖掘方式"；人们不再局限于自我范围的单机游戏，而是进入"大连接"的网络之中。朋友圈、微信群等构建了多维度性、破碎性、无约定的人际关

---

[1] 中共中央编译局. 马克思恩格斯文集（第1卷）[M]. 北京：人民出版社，2009:46.

系。大数据和人工智能技术极大地增强了人的开放性、灵动性、社会性，使人形成了更加自由、多元的人际关系，以及更加全面、丰富的社会关系。大数据和人工智能时代需要唤回人性，重构人类在创造历史中的主体地位，方可逐步解决个人隐私数据的透明化问题。一是构建主体间性。主体间性表明主体之间存在共性，但共性并不排除个性。正如海德格尔所说，"此在的世界是共同的世界，'在之中'就是与他人共同存在。他人的世界之内的自在存在就是共同此在"[1]。因此，既然所有人生活在一个共同的"此在世界"，我们就应该有自己的隐私空间，这是确保独立个性得以保持它的价值的前提。二是构筑网络道德规范。网络道德规范需要从一般的伦理原则体现"己所不欲，勿施于人"，同时还需要把网络伦理规范内化为网络主题内在自律的道德力量。三是把大数据和人工智能时代的伦理原则纳入现实的生活中。虚拟世界是现实生活的一部分，但绝不是现实生活的替代或超越。因此，要把网络伦理原则应用于现实生活，这样才更有利于解决现实生活中个人遇到的隐私问题。

最后，加大监管力度。人，虽知善恶、明是非，但其行为易受利益及欲望的驱使。为了预防不法行为的发生，仍需对个人行为给予必要的监督。欧盟专门设置的数据保护监督专员[2]，就是以一种创新性的方式来加强监管。政府要设立专业的监管机构，建立完善的监管体系。譬如，引进数据预测、电子监控等高新技术，做到具有选择性、目的性和预防性的监管，提升监管质量。监管的目的在于加强自律。政府加强对个人行为进行监管的过程，就是在为企业、为个人培养高度自制力的过程。

解铃还须系铃人，隐私问题的产生与技术的发展密切相关，因此其需要技术的进一步合理发展来解决。技术是推进社会发展的加速器，但技术的发展不能无节制。保护个人隐私权，需给技术研发和应用以必要的约束。精准定向广告推送中出现的隐私权侵犯与技术的不适当应用密切相关。因

---

[1] [德]海德格尔. 存在时间[M]. 陈嘉映, 译. 上海：三联书店，1987:138.
[2] European Union. European Data Protection Supervisor[EB/OL]. http:// Europa.eu/about.eu /institutionsbodies/edps/indexen.29html.

此，需要为技术的发展划定范围，适当地加以限制，切实保护个人隐私权。

首先，为技术划定发展范围。技术是一把双刃剑，它既可以是社会发展的催化剂，也可以是破坏人类社会和谐稳定的主导力。为保护个人隐私权，需要控制技术的无节制发展与运用。在技术的作用下，我们的隐私逐渐被他人所知。如果对此状况不以为然，那么数据分析和数据预测等技术的发展在未来带来的"歧视""偏见"与人身威胁将令人惊恐。当我们发觉某项技术的研发将带来不可弥补的危害时，需要做出理智的选择与决定。为了个人隐私的安全、未来生活的安宁，我们需要加强对技术的管理，对研发的工具加以整修，以便为人所用的工具能为社会提供更为积极、有益的服务。为此，要有效打击黑色产业链，必须改变已有的"单兵作战"的模式。过去各行业是条块分割的，没有打通，而未来需要全行业联合起来共同打击。应由政府部门牵头，发挥产业链合作的优势，利用大数据分析、云计算和云存储能力，对黑色产业链进行全面反击。

其次，在技术发展中嵌入伦理道德。技术是人类改造世界的工具，是由人类创造出的、可被人类所管理和改变的，在技术中嵌入道德理念，将有效解决技术运用过程中带来的问题，保护人的合法权利。利益是道德的基础，道德就是处理各种利益关系的准则或规范[1]。传统观点认为，人是具有价值取向、能动性和责任感的，而科学技术本身没有责任感可言。技术发展中所包含的道德观是人类赋予的。若打破传统观点，在技术创造伊始便输入道德理念，在技术运转体系中自带道德观念，则是对传统技术的突破性发展。在技术研发过程中，可将道德理念如同运营编码一般嵌入技术启动发挥作用时的标准中，即在预测结果后再启动其程序，发挥其作用。像电影《超能陆战队》中的人造医疗机器人大白那样，在启动功能、发挥作用之前，对指令进行筛选、判断，若发现该指令具有一定的伤害性，可自行终止活动，或不执行操作者所发出的指令。技术部门需要加大研发力

---

[1] 魏长领. 道德信仰危机的表现、社会根源及其扭转[J]. 河南师范大学学报(哲学社会科学版)，2004(1)：96-100.

度,在技术研发过程中嵌入道德理念,给予技术以判断能力和选择能力,从而为人类社会带来更多的效益、更少的危害。

再次,"互联网+"和"智能+"概念的出现有效地促进了云计算、大数据、人工智能与物联网等产业的发展,给我们的生产、生活、学习与工作带来了前所未有的变革。技术发展中存在的个人隐私问题,需要靠发展技术来解决。2016 年 10 月 18 日,在工业和信息化部信息化和软件服务业司的指导下,中国区块链技术和产业发展论坛编写的《中国区块链技术和应用发展白皮书(2016)》正式亮相,区块链以其可信任性、安全性和不可篡改性让更多隐私数据从危机中解放出来。例如,区块链可以利用私钥限制访问权限,从而有效回答法律对个人获取数据的限制问题,解决个人隐私泄露问题。另外,对于因大数据和人工智能技术不完善而引起的问题,可以通过发展技术进行解决或缓解。例如,之前犯罪分子利用黑客技术破解高考报名系统并入侵盗窃考生的有关数据信息,实施精准诈骗。此类技术上的漏洞,据专家介绍,可以通过研发"多因子身份验证技术"来提升多层次大数据安全管理的可控性,从而有效防止类似"数据盗窃"问题,解决大数据和人工智能发展过程中遇到的隐私侵权问题。

最后,数据本无罪,技术无善恶,人类社会的发展遵循客观规律,自身发展并无对与错。大数据和人工智能的"红与黑""罪与罚",也是针对不同的人而言的。大数据和人工智能时代在带给我们隐私问题的同时,也带给了我们解放。大数据和人工智能技术集视觉、听觉、触觉等于一体,更具有生动性和直观性;全面调动了人的各种感觉器官,突破了人类仅在感性层面认识世界的局限,使人的各种感官能够最大限度地发挥作用;激发了人多个感官的潜能、灵动,在应用大数据和人工智能技术消解隐私隐患时,能够使人最大限度地享受"解放"。

此外,消解隐私隐患、获得解放又可以理解为回归本真的状态。大数据和人工智能技术虽然带给我们侵犯隐私、"透明化"和"裸奔"等问题,但大数据和人工智能技术又可以识破谎言、伪装,改变"知人知面不知心"

状态，让我们没有欺骗、没有伤害，回到最初的本真、自由、我行我素、解放状态。在此意义上，大数据和人工智能的隐私侵权与解放是相伴而生的，"人是目的"在当代找到了新的路径，通过应用大数据和人工智能技术，人的价值、尊严、解放等强调"人"的主体地位的理念在新时代获得了新的发展，达到了新的境界。

在应用大数据和人工智能的过程中解决个人隐私侵权问题，不仅对于人而言具有解放意义，对于企业发展、社会治理而言，也具有解放意义。科学技术是第一生产力，大数据和人工智能则是最新的生产力。企业的壮大需要依靠大数据和人工智能获得发展动力和前景；社会的教育、就业、养老等领域要获得更多的便利，也离不开大数据和人工智能的支撑。

在隐私保护方面，智能型企业的作用越来越大。智能型企业是定向广告技术发展的推动者，也是个人隐私被"透视"与侵犯的主导者，要对个人隐私权保护承担相应的责任。

首先，创新研发保密技术，攻破技术难关。智能型企业应加大技术研发投入，走在安全防护技术的前沿，为消费者信息保护提供强有力的保障，以获取消费者的信赖。智能型企业在技术研发过程中可借助当前发展较为成熟的智能技术，在服务设备中嵌入智能识别功能，有效管理服务器，而不再"肆意妄为"或"无所作为。"特别强调的是，对于保密技术的攻关与突破，智能型企业需要充分运用"以技术攻破技术"的原则，把黑客技术及黑客人才的引进作为保密技术发展的重要一步，只有真正懂得攻击公司数据库技术的尖端技术，才能从尖端技术的漏洞中发现突破和超越的可能性。

其次，提升员工职业素养。技术是由人来操纵、受人指挥的，技术本身是无所谓好坏的，之所以技术的运用存在两面性，是因为人性具有两面性，技术的恶性发展也是被某种非法意图所驱使的。因此，智能型企业要想加大对消费者个人的隐私数据保护，应加大对员工的职业素养培养，提升员工的职业素养与道德素质，尽量通过素养的提升，让"老干妈的家贼案"再次发生的可能性降到最低。技术的"失效"人类尚可防范，但人性的扭曲、价值观念的错乱带来的潜在危害却是难以预估的。因此，存储大量个人私密信息的智能型企业应重视员工职业素养的培养。

最后，隐私保护制度的建立。"无规矩不成方圆"，智能型企业个人隐私保护责任的承担，要想落到实处，还需要考虑结合国家的相关隐私保护的法律法规，制定符合企业本身经营范围的具体化操作细则。规则的权威来源于规范化的强制性力量，对于智能型企业隐私保护制度的建立，应该包括规则的合法性、可操作性、负责人、适用范围、使用条件、惩罚机制等具体情境，切实从制度入手，将企业的服务对象的个人数据保护落到实处，而不只是挂在嘴边。

通过对以精准定向广告推送为例的大数据和人工智能时代的隐私问题的探讨，可以看出，纵然个人隐私问题伴随大数据和人工智能的发展不可避免，但技术生成和应用的主体是人，消解大数据和人工智能时代个人隐私问题的根本出路在于人类自身，在于人的实践活动，在于人的现实活动。人的全面解放既不是浪漫的幻想，也不是未来的乌托邦，人的解放具有现实性。"旧式的生产方式必须彻底变革"[1]，要实现人类解放，就"必须推翻使人成为被侮辱、被奴役、被遗弃和被蔑视的东西的一切关系"[2]。在新时代，我们要充分发展和利用大数据和人工智能等新一代信息技术，推进政府、企业、社会组织、公民协同治理隐私问题，从价值观念、社会责任、道德伦理和法律规范等多方面，不断推动大数据和人工智能的人性化发展，让人们期待的大数据和人工智能"理念世界"普照人的"现实世界"、生活世界，紧紧围绕人之为人的方向来不断发展。

随着大数据和人工智能等新一代信息技术的发展，社会生产力将高度发达，社会财富将极大丰富，生产劳动将从负担变成快乐，人也将在大数据和人工智能等新技术的逐步发展中获得解放。这将是一个令人敢于"亮相"的时代，也将是令人期待的隐私保护的时代。

---

[1] 中共中央编译局. 马克思恩格斯全集（第20卷）[M]. 北京：人民出版社，1975:318.
[2] 中共中央编译局. 马克思恩格斯选集（第1卷）[M]. 北京：人民出版社，1995:10.

第三部分

重构发展空间

第九章

教育：通向个性化的回归之路

学生：能力目标变换与学习方式变革

教师：地位转变与角色转换

学校：智能化的管理成为常态

个性化的回归之路：教育大数据的魅力

  大数据和人工智能时代，是各行各业充分得到赋能的时代。教育是对技术发展最为敏感的行业之一，从"互联网+"到"大数据+"再到今天的"智能+"，赋能的力量在不断加强。教育与大数据和人工智能的结合，使学生的学习、教师的教学、学校的管理正在发生革命性的变革。从农业时代的私塾式教育模式到工业时代的工厂式班级教育模式，再到基于新一代信息技术和人工智能技术的以数据为支撑的科学化、智能化、个性化的教育模式，教育的内涵在不断扩大，教育的外延在不断变化——更加符合人性和人的全面发展需要的个性化教育，在经历了"否定之否定"之后，正在向更高层次复归。

一、学生：能力目标变换与学习方式变革

大数据和人工智能时代，是各行各业得到充分赋能的时代，从"互联网+"到"大数据+"再到今天的"智能+"，赋能的力量不断加强。教育是民族振兴、社会进步的基石，是提高国民素质、促进人的全面发展的根本途径，也是对技术发展最为敏感的行业之一。大数据和人工智能的发展得到了教育行业的充分响应，"互联网+教育""大数据+教育"和"智能+教育"蓬勃兴起，特别是近期一直呼吁的要"以学生为中心"的学习方式的转变，深得大数据和人工智能技术专家的青睐。

2019年5月26日，第五届中国国际大数据产业博览会新闻发布会在贵州贵阳开幕，与会的科大讯飞的科研产品——科大讯飞自主编撰的个性化学习手册，被评为2019领先科技成果"优秀项目"奖。该个性化学习手册的获奖缘由是它能够专门为特定的学生提供相应的学习方案，方案中融汇了大数据和人工智能思维与教育教学的新理念。为了能够更好地服务学生，该个性化学习手册会根据学生的习题集、错题集、模拟题等相关练习数据进行智能汇总与分析，从而能够明确学生的知识盲点、做题的错误思维等，然后推荐专属于该学生的个人学习方案。

在传统的那种使用参考资料的练习模式中，由于纸张有限，而且分析总结的工作由学生自己完成，学生的学习过程很容易陷入"瞎忙悖论"：学生做作业喜欢在自己熟悉的知识范围内重复练习，导致对不熟悉知识的练习不足——之前已经学会的知识点，后期又一直在重复，而新的知识点却没有得到补充——有一种瞎忙的嫌疑。就科大讯飞的个性化学习手册而

言,其的确能做到对这个悖论的超越。当学生的练习思路存在错误时,大数据和人工智能技术能够对其进行针对性教学,将与错误内容相关的习题和知识点统一调出来供学生使用,并且难易程度会逐渐加深,能够切合学生的"最近发展区"。因此,如果学生能够正确使用这个手册,就能在很大程度上节约学习时间,而不用做过多的重复性工作。

从科大讯飞获奖的案例可知,学生潜在的需求有待挖掘。在大数据和人工智能时代,学生学习方式的转变是与自身独特的需求分不开的。在传统教育中,学校对学生的教育是按照"一个模板"进行的,学生的学习方式就是记住上课内容——被动式学习,从而使学生的个性化经验被忽略。

美国教育学家杜威说"教育即经验"。个性化的教育正是对这种教育思想的有效回应。既然传统的大班制教学很难关注到每个学生的独特需求,就要求助于大数据和人工智能这样的新技术的发展和应用。因为在传统的教育中,教育工作者很早就认识到了这个问题,但教学资源有限、教学条件有限、教学经历有限等直接限制了他们对学生个性化的关注。

值得注意的是,如上所提的"有限",在大数据和人工智能技术应用之后,逐渐变得"无限",学生完全可以根据自己的需求选择相应的学习资源、学习方案等,并且在相应的学习平台上开展学习活动。同时,学生自身的学习轨迹能够为"个性化的进化"服务。随着学习活动的增加,学习平台将会逐渐形成学生的个人学习档案,从而反过来更精准地服务于学生的个性化学习,这或许就是为什么科大讯飞的个性化学习手册能够获奖——契合新时代学生学习的需求。

学生个性化的学习需求,本质是源于社会需要的变化。随着大数据和人工智能时代的发展,社会呈现深度数据化和智能化的特征,技术性的社会变革促成诸多新的社会需要的形成,从而导致社会需要与学生实际能力之间的尖锐冲突。在这样的背景下,学生不得不采取个性化的学习方式去培养自己适应当今社会需要的独特能力。简而言之,社会需要的能力目标的变化,引起了学生学习方式的变革。

在大数据和人工智能时代,学生将以怎样的方式学习的问题,归根结底是学生学习方式转变后新的学习方式是什么的问题,其本质是对社会需要的回应问题,无数学者对这个问题的探究性回答,形成了变革学生学习方式的全球化大趋势。麻省理工学院自 2017 年 8 月启动了"新工程教育转型"计划,对工程类教育改革中的学生学习方式和学习内容进行了全面研究,并提出了新工科人才应该具备的 12 种思维能力,如表 9-1 所示。从目标层面而言,这是大数据和人工智能时代教育个性化回归、学生主体地位回归后希冀达到的目标,也是新的时代背景下社会对学生提出的新要求。

表 9-1　麻省理工学院提出的新工科人才应该具备的 12 种思维能力

序号	中文名称	英文名称	基本内涵
1	学习如何学习	Learning how to learn	指导学生利用一定的认知方法主动思考和学习
2	制造	Making	指新工科人才发现和创造出不存在的技术人工物的能力
3	发现	Discovering	指通过采取探究、验证等方式促进社会及世界知识更新,并能产生新的根本性的发现和技术的能力
4	人际交往技能	Interpersonal skills	指能够与他人合作并理解他人的能力,包含沟通、倾听、对话、情商、参与和领导团队的工作等
5	个人技能与态度	Personal skills and attitudes	包含主动、有判断力、有决策力、有责任感、有行动力、灵活、自信、遵守道德、保持正直、能终身学习等
6	创造性思维	Creative thinking	指通过深入思考,能够提出和形成新的、有价值主张的思维
7	系统性思维	Systems thinking	指在面对复杂的、混沌的、同质的、异质的系统时,能够进行综合性、全局性思考
8	批判与元认知思维	Critical and metacognitive thinking	指能够通过对经由观察、体验、交流等方式所收集的信息进行分析与判断,以评估其价值及正确度的思维
9	分析性思维	Analytical thinking	指能够对事实、问题进行分解,运用理论、模型、数理分析,明确因果关系并预测结果
10	计算性思维	Computational thinking	指能够把基础性的计算程序(如抽象、建模等)及数据结构、运算法则等用于对物理、生物及社会系统的理解的思维

续表

序号	中文名称	英文名称	基本内涵
11	实验性思维	Experimental thinking	指能够开展实验获取数据的思维，包含选择测评方法、程序、建模及验证假设等内容
12	人本主义思维	Humanistic thinking	指能够形成并运用对人类社会及其传统、制度及艺术表达方式的理解，掌握人类文化、人文思想、社会政治经济制度知识

资料来源：数学中国。

由表 9-1 可知，对于新工科人才的必备思维能力，学生用传统的学习方式是很难达到的。传统的学习方式是一种被动式参与的学习方式，学生学习过程中的积极性、主动性和创造性很难被调动起来。能力目标变化，意味着学生学习方式也要随之发生变化。就表 9-1 中的第 8 项能力而言，学生若只有直线型思维，不能很好地参与到学习活动中，不能正确地认识第 1 项思维能力的重要性，就很难通过自己的学习总结来具备批判与元认知思维能力。

在大数据和人工智能时代，学生学习方式的转变是一项系统工程，它不仅包括要转变学生的思维方式，还需要改变学生的实践方式。教师在课程实践活动中教的知识是间接的，而学生自己结合生活实际感受到的知识才是直接的，背后反映出的是一种新一代信息技术支撑下的"体验性"学习新方法。"体验学习是一种以学习者为中心，通过实践与反思结合而获得知识、技能和态度的学习活动。"[1]这种学习方式与传统的被动式学习方式具有天然的不同，在这种方式中，学生的主体地位得以凸显。

社会需要的变化，使学生学习方式得以变革，学生主体地位得以凸显，这必将产生新的学习理念。这是新时代每个学习者都应该高度重视的，其中主要包括如下几个方面。

第一，开放学习。大数据和人工智能技术是一种开放的技术。大数据和人工智能的发展需要开放的社会环境和开放的文化。智能技术和智能课

---

[1] 吴学兵. 思想政治理论课程学习研究[M]. 北京：中央编译出版社，2012：221.

程的出现与发展，在教学、科研、成果转化和高新技术产业化等方面都会比过去更加开放和有更多的沟通。多媒体的普及和网络的发展，使在线教育更趋完善，使教育不再受特定时空的限制。学校的界限变得模糊起来，教育将从垄断和僵化中走出来，变得更加开放和多样化。

第二，个性化学习。大数据和人工智能技术在教学中的广泛运用，为学生的个性化学习提供了一种技术环境，教学形态由班级制走向个别制，教学过程由"以教师为主导"转变为"以学生为中心"，从而使学生的个性化学习成为可能。教师可以根据学生的实际情况实施柔性教学，真正做到"因材施教"；学生拥有学习的自主权、全面参与权和教育活动的选择权，可以根据自己的兴趣、需要和水平择校、择师、择课、择时、择地等，做到自主学习、充分学习和有效学习，从而在学生知识结构个性化的基础上，进一步强化学生人格的个性化倾向。

第三，社会化学习。大数据和人工智能将把整个社会连在一起，学校教育、社会教育、家庭教育的界限变得越来越模糊。普通高等教育和职业技术高等教育、正规教育和非正规教育将融为一体。学校教育将逐步社会化，对社会全方位开放，而社会教育将逐步家庭化，整个社会将变成一个学习型社会。学习从少数人扩展到所有人，从人的一个阶段扩展到人的终身，从单纯地为了获得学历文凭转变为为了适应和驾驭未来社会。知识社会化和社会知识化推进学校和社会的双向参与。知识经济和智能化社会推动着学习型社会的形成，学习型社会支撑着知识经济和智能化社会的运行。

第四，终身学习。信息、知识与数据的高速增长、传播和转化使终身学习成为必要，而大数据和人工智能技术为终身学习提供了技术基础。书本化教材的知识落后于社会发展少则 5 年，多则 10 年，甚至更长时间，而大数据和人工智能平台上的数字化课程的知识更新可以发生在一天以内，或者更快。终身学习是 21 世纪人类的生存概念和生活方式。正如比尔·盖茨在《未来之路》中指出的："教育的最终目标会改变，不是为了一纸文凭，而是为了终身受到教育。"[1]

---

[1] [美]比尔·盖茨.未来之路[M].北京:北京大学出版社,1996.254.

第五，学会学习。在大数据和人工智能时代，信息爆炸和知识老化的加速使学习方法的重要性更加凸显出来。在"减负"（减轻学习负担）和"提质"（提高学习质量和效率）之间，学生最明智的选择就是"学会学习"——"学习如何学习"。"未来的文盲不再是目不识丁的人，而是没有学会怎样学习的人。"只有学会学习，才能提高能力，才能把自己培养成高素质的全面发展的人才[1]。在大数据和人工智能环境下，教学活动将从"单纯知识灌输"走向"知识与方法论"的兼蓄习得。学生对方法论的习得时间将多过对知识的习得时间，从而提高学习效率，并激发创造性思维。培养信息素养、数据素养、智能素养，掌握学习方法，提高学习能力，将成学生转变学习方式要重点确立的理念。

第六，学会创造。创造教育是素质教育的核心和重点。实施素质教育不仅要使学生"学会学习"，更重要的是要使学生"学会创造"，因为创造（创新）是知识经济时代人才的主导素质[2]。大数据和人工智能技术可以构建数据丰富的、反思性的、可视化的学习环境与学习工具，允许学生进行自由探索，这加大了学生的创造自由度，十分有利于学生批判性、创造性思维的形成和发展。大数据和人工智能最大的教育价值在于让学生获得学习自由，为其提供可以自由探索、尝试和创造的条件。

如上所述，我们看到了社会需求的变化对学生转变学习方式的影响，以及对学生产生新的学习理念的影响。那么，运用哪些策略才能够帮助学生在这个"精彩纷呈而又纷繁复杂的世界"中迅速达到新时代的学习目标，并迅速借助大数据和人工智能的技术、资源、互动等优势来促成个人的全面发展呢？

从通识意义上讲，"提问题的人比回答问题的人更清楚答案本身"，学生作为学习活动的主体地位得以回归，学生就能将这个"通识"所能获得的答案本身进行系统性的组合，从而建构一个自身想要看到的有别于现实

---

[1] 刁生富. 学会学习（大学卷）[M]. 广州：暨南大学出版社，2002.
[2] 刁生富. 学会创造[M]. 广州：广东高等教育出版社，2001.

的现实世界，这个建构的过程就是学生运用创造性思维的过程，也是将知识转化为"为己所用"的知识架构的过程，这无疑是学生最期待收获的学习性成果。

回归到科大讯飞的个性化学习手册，它从学生学习的对立面入手，为学生的学习方式的转变提供了支撑的工具，将其广泛运用于教育行业无疑能够推动学生学习方式进一步转变，但其间也存在一些需要注意的问题：学习工具的互联性，是否会给学生的学习带来负面影响，是否会在更为便捷的学习资源的获取渠道中越发远离新型人才的培养目标？答案具有不确定性，但我们可以采取相应的措施对学生的学习过程进行干预。

学生学习方式的转变伴随着学生主体性的回归，这对学生的学习自律提出了新要求。

在新的学习方式中，学生有可能产生对大数据和人工智能平台的 PGC（Professionally Generated Content，专业生产内容）的依赖。令人担心的是，由于学习自律能力不强，学生可能将此种依赖转化为对大数据和人工智能工具的依赖，进而投身于关注工具中带有娱乐性质的服务软件，这很有可能影响学生在学习过程中的主体性角色的正常扮演。因此，我们可以从如下几个方面对学生学习方式的变革提供辅助。新的学习方式的形成、把握新的学习理念，都需要新的学习习惯予以支撑和回应，这样才能将"效果最大化"。

首先，学生要培养自律能力。自律在学生自主学习的过程中扮演着非常重要的角色。以往的学习方式之所以一直在奏效，在很大程度上是因为学生没有养成自主、自律的学习习惯，如果不对学生进行灌输式教学，学生就不会主动投身于学习活动。当然，少部分自律的学生则不同。随着学生学习方式的转变，学生自己势必要树立学习的自律意识，"管理好、计划好、执行好"自己的学习过程，从而保证新的学习习惯能够迅速养成。只有这样，学生才能确保自己在学习过程中不被"多姿多彩"的大数据和人工智能世界诱导和迷失方向。

其次，提高自己的信息免疫力。在大数据和人工智能技术构建的虚拟网络空间中，存在大量的信息污染。冗余信息、盗版信息、虚假信息、过时信息、错位信息等，都是信息垃圾，它们是静态的、无法自行激活的信息。学生在综合提高自己信息素养的过程中，决不可忽视提高自己的信息免疫力，要使自己具有正确的人生观、价值观、甄别能力，以及自控、自律和自我调节能力，从而自觉地抵御和消除垃圾信息及有害信息的干扰与侵蚀。同时，要注意预防盲目的信息崇拜。预防盲目的信息崇拜，在一定程度上就能减少学生对信息的滥用和误用，降低不良信息的影响程度，从而有效避免"现实人"与"网络人"人格的二元分裂和物理空间与网络空间的严重脱节，形成虚拟与现实之间的良性互动，有效提高学生在网络空间中学习和生存的能力。

再次，教师要予以学习指导。教师要善于结合外在的规范化要求，指引和帮助学生提高他们的学习能力。教师作为教育过程的主导者，需要对学生的新的学习方式予以检验，充分关注学生的学习动向，主动指导学生正确地使用新的学习工具。

最后，大数据和人工智能学习平台要予以内容控制。学习平台以渠道为主，学生的个性化学习来源于平台的技术支撑，所以，对于学生的自律问题，学习平台要积极对非学习型渠道进行有效控制，学习平台的后台应该对无关学生学习的信息进行"把关"和"筛选"，以便做到"按需而行"和为学生的个性化学习提供精准服务。

总之，在大数据和人工智能时代，学生学习方式的转变，伴随着学习理念的转变，这是学生主动参与学习的必然过程。丰富多样的网络资源、日益成熟的人工智能技术正在提供越来越便捷的技术支撑，这使得我们可以进行适应性、个性化的学习，而不必局限于在正规学校进行传统学习[1]。大数据和人工智能技术赋能教育，使得学生的学习方式发生了明显的转向，从"死记硬背"到"理解记忆"，从"书本思维"到"经验思维"，从"被动学习"到"理解学习、探究学习、合作学习、建构学习"等，这些都在

---

[1] 贾积有. 人工智能赋能教育与学习[J]. 远程教育杂志，2018，36(1):39-47.

为学生的新发展提供新的条件。我们应该合理利用新兴技术辅助学生的学习，切实培养学生"会学、能学、想学"的动机与能力。在运用具有"双刃剑"性质的学习机器时，学生应转变学习方式，也应转变对大数据和人工智能等学习工具的认识，不断培养自身"会用、勤用、不滥用"的能力。

二、教师：地位转变与角色转换

韩愈在其《师说》中有一句话："师者，所以传道授业解惑也。"教师的职责就是传道、授业和解惑，将毕生所学的知识教给学生，以期实现学生亦能为人师。在大数据和人工智能时代，与技术赋能的学生个性化学习相对应的，自然是教师的个性化教学。换言之，教师需要结合学生的个性予以教学，需要针对具体的个人进行"传道、授业和解惑"，这就对教师的能力提出了更高的要求。教师不仅需要关注学生对书本知识的学习效果，还需要关注学生个人的生活情境，对其消极心理要给予辅导等。总体而言，在新时代，教师的角色与地位开始出现新的变化，教师的教学方式也出现了新的转型。

"教书"与"教学"是两个相近的概念，却有着本质的区别。教书是指教师将书本知识"清晰明了"地传授给学生，教学则是指教学生掌握学习的技能与素质。前者的主角是教师，后者的主角是学生，两者包含的教学活动的方式和载体不同。在教书的过程中，教师与学生之间是一种自上而下的权威关系，学生对于教师而言，更像是一张白纸，任由教师去塑造。所以，在教书的过程中，受教师的权威地位的影响，知识载体（书本）也是具有权威性的，教师与学生之间的知识传授也是基于对权威的信任。

然而，随着大数据和人工智能技术的发展，学生的"第二课堂"逐渐丰富起来，教师的"教书"活动逐渐向"教学"活动转变，这一方面是基于学生的知识接触面的变化，打破了教师对知识的权威性；另一方面是基于新的个性化学习资源平台的诞生,让学生的个性化需求得到满足,譬如在高中课堂,部分成绩优异的学生上课时不听教师讲课,也能学好相关理论与实践知识,这就是因为他们善于利用大数据和人工智能平台提供的个性化教学资源。《老子》中说,"授人以鱼,不如授人以渔","教书"与"教学"的差别,在一定程度上就是"鱼"与"渔"的差别。所以,在当下及未来的教育中,教师所从事的活动应该是"教书"还是"教学",答案似乎已经很明朗。

综上可知,教育活动中的"教书"向"教学"的变化,反映的是大数据和人工智能时代教师角色与地位的变化。教师开始从"知识的灌输者""学习的强迫者""经验主义者"等角色向"组织者""主导者""设计者""促进者""关系协调者""知识的筛选者"等角色转变;教师的地位开始从"长者""前辈""知识的拥有者""权威"等向"合作者""倾听者""支持者"等转变。由大数据和人工智能技术促成教师从事的教育活动从"教书"向"教学"的转变,是对新时代的学生学习方式的个性化转变的积极回应,同时也带动了教师的角色与地位的转变,究其根源,这些转变无疑都与"以人为本""以学生为中心"的新时代教育理念相关。

所谓教育活动,在大数据和人工智能时代,主要包括"教学生如何学习"与"如何使学生学以成人"这两项活动。为了能够将这两项活动与学生的个性化需求结合起来,教师需要借助大数据和人工智能技术来深入学生群体,去了解学生的"所思所想"与"所作所为",具体包括学生的宿舍号、作息时间、每个学生的考试成绩(各次各科的成绩、不同时间段考试成绩的变化规律等)、作业完成情况(错题集、练习题目与学生水平是否相匹配等)、家庭经济状况、监护人联系电话、学生的联系方式、学生的课堂表现等。此外,教师还需要了解社会的变化及这些变化对学生的能力提出的新要求,从而把握学生的学习动向。

玛克辛·格林在其《释放想象:教育、艺术与社会变革》一书中说:"如果一个人要真正了解人们的意图,感受他们的主动性,体验他们面临的不确定，就必须作为一名参与者深入事件发生的过程中。"[1]那么，同理，作为教学活动中的教师，要想真正了解学生所需，了解学生主动性和积极性的爆发点，了解学生可能面临的各种不确定性焦虑，教师就应该借助大数据和人工智能工具，扮演"学生知己"的角色，作为一个教学活动的积极参与者深入到学生的学习活动中去。

在大数据和人工智能时代掀起的这一场教育的革命，就学生而言，他们是顺其自然地适应新的学习环境的，他们中的大多数是"数字原住民"。相较而言，教师则显得有些被动，需要被动地加入这个环境，毕竟他们是"数字移民"，是从另一种环境中成长起来的教育的"中坚力量"。在当今极具变革的学习环境中，阿克夫在其《翻转式学习：21世纪学习革命》中说："大部分教师——无论他们接受了怎样的训练——都不能指望自己在课堂上教授的内容可以跟学生随意从自己选择的来源那儿获得的东西相媲美。"[2]在某种程度上来说，只要学生善于将大数据和人工智能技术用于学习，当然也就更善于接受他们自己寻来的教育资源。对于教师筛选的资源，其自然会因"间接感受"的缘由而显得不那么容易被学生接受。就此而言，在大数据和人工智能时代，能力目标的变化促成了学生学习方式的变革，教师虽然"被动"地改变了角色和地位，但需要"主动"地重新"匹配"新的能力。

第一，思维能力。"环境决定思维，思维决定行为，行为决定结果。"为了能够适应新的教学环境，教师首先需要思考的是其应该具备怎样的思维能力，怎样"以思维上的远见"缩小与学生个性化学习之间的需求"代沟"。思维能力是学生学习能力的核心素养，教师作为教学活动的主导者，自然需要培养自身的思维能力，以便在教学活动中与学生的思维能力发生碰撞时能够分享自己的独到见解，从而达到启迪学生的目的。在大数据和人工智能时代，教师的教学要以思维教学为主线，既强调基于认知能力的

---

[1] [美]玛克辛·格林. 释放想象：教育、艺术与社会变革[M]. 郭芳，译. 北京：北京师范大学出版社，2017：12.
[2] [美]阿克夫·格林伯格. 翻转式学习：21世纪学习革命[M]. 杨彩霞，译. 北京：中国人民大学出版社，2014：36.

信息加工、分析综合、逻辑推理等高阶思维的培养，又要增加和突出计算思维、设计思维和交互思维的培养[1]。

第二，教育技术能力。教育技术能力主要指教师运用互联网、大数据和人工智能技术的能力。从媒介的角度而言，教师的教育技术能力又包括使用传统媒体的能力和使用新媒体的能力。与之相对应，教师在教育技术能力的培养上，要逐一培养在幻灯片（设计与排版、内容筛选等）、投影（软硬件的使用和维修）、电影、教育网站设计、教学情境设计、微信公众号运营、摄影摄像、视频剪辑、智能问卷设计、智能教案设计、在线课堂、慕课等方面的细化能力提升。教师应从教育资源的技术整合、知识可视化、美感提升等角度出发，从有利于学生对所学内容进行意义建构的角度出发，创设丰富的技术化学习情境，加强学生之间的交流与合作，并尊重学生独特的情感和体验[2]，以贴近学生的智能学习生活方式，将含有价值信息的教育内容作用于学生的"大脑"，教师自动"匹配"教育技术能力，目的在于更好地促进学生学习，以实现"教学效率"与"教学质量"的变化，推动学生"学习效率"与"学习质量"的变革。

第三，读懂学生的能力。教育是带有强烈"社交属性"的社会实践活动，闻名于世的"产婆术"就是基于教师与学生的社交互动过程进行教学的典型。因此，教师与学生之间有效的社会交往活动对教学能够产生重要影响。有效的社交源于教师与学生之间的双向互动能够产生共鸣，其中尊重、真诚、理解、同情、倾听、分析等方面的社交元素不容忽视。只要教师能够将社交的相关元素合理地运用于师生之间的沟通活动，教师便开始具备了"读懂学生的能力"。大数据和人工智能时代是一个加剧社会变革的时代，教师与学生之间的"鸿沟"在所难免，消除"鸿沟"最好的办法就是通过师生的社交互动来促成理解。教师拥有读懂学生的能力，是大数据和人工智能时代教师适应学生个性化学习特征的基础。教师唯有读懂了

---

[1] 吕文清. 人工智能时代：课程教学如何以变应变[N]. 中国教育报,2019-04-17(009).

[2] 吴学兵. 思想政治理论课程学习研究[M]. 北京：中央编译出版社，2012：19-20.

学生，才能培养真正的教学精神，才能做到在教学活动中"教自己学习中的感受，教自己的学问，引导学生学会学习"[1]。

　　第四，信息素养、数据素养、智能素养的培养能力。在大数据和人工智能时代，信息素养、数据素养、智能素养是教师应该具备的基本素养，这三个基本素养能否养成，对教师的思维能力、教育技术能力、读懂学生的能力有着重要的影响。概括而言，这三个基本素养的养成，需要教师能够时刻保持对数据、信息、智能等方面的基础知识和实操条件的敏感度，以便确保教师有对教学活动过程中的价值信息进行收集、存储、提纯、分析、决策、批判等方面的实践能力，最终帮助教师在"茫茫数据海洋中"高效而准确地筛选有价值的教育资源。因此，大数据和人工智能时代的教师，势必要能够具备信息素养、数据素养、智能素养的培养能力。就这三个基本素养而言，教师一方面要形成对其的正确认识，要熟知这三个基本素养对于自身教育教学的功效，积极学习与这些素养相关的课程（课程的内容包括几个素养的基本定义、相关的科学常识、实操技能，以及正确的思想和观念等）；另一方面也要有对其进行培养的责任感，作为教学活动的主导者，要求学生应该具备的素养，教师应该首先养成，这样才能更好地促成学生相关素养的快速养成。

三、学校：智能化的管理成为常态

　　随着大数据和人工智能时代的到来，作为教育教学重要场所的学校受此影响颇深，这种影响不仅涉及学生的学习与教师的教学，还涉及学校方方面面的工作，如学校的教师管理、学生综合管理、家长管理、学校安全

---

[1] 任民，李迎春. 半部《论语》做良师：《论语》给教师的启示[M]. 北京：中国轻工业出版社，2014：175-179.

管理、教育监测与质量反馈管理、宿舍管理、图书馆管理、环境卫生管理等。大数据和人工智能技术在学校管理方面具有强大的优势，学校的智能化、智慧化已是大势所趋。

依托大数据和人工智能技术实现学校各项工作数据化、智能化、智慧化的过程，就是"智慧校园"形成的过程，也是学校智能化管理常态化的过程。智慧校园指的是以物联网、大数据、人工智能为基础的智慧化的校园工作、学习和生活一体化环境，这个一体化环境以各种应用服务系统为载体，将教学、科研、管理和校园生活进行充分融合[1]。2018年6月，国家市场监督管理总局中国国家标准化管理委员会发布了最新的《智慧校园总体框架》标准文件，对智慧校园的总体建设框架、教学环境、教学管理、教学资源及信息安全等方面进行了战略部署，为我国高校校园的智慧化描绘了发展蓝图。随后，各大高校开始着手布局和完善学校的智慧化建设工作。南京大学的智慧图书馆建设便是其中一例。

2019年4月27日，由南京大学主办的"图书馆智慧管理与服务创新论坛"如期召开。会议当天，1700多位图书馆管理专家就大数据和人工智能时代图书馆的管理理念、技术、方法进行了实践与应用的积极探讨。会议中，由南京大学自主研发的"新一代纸电一体智能图书馆管理系统"正式发布。此智能图书馆管理系统是集服务、资源、技术于一体的智慧系统，在中文版的书籍条形码研究方面处于国内领先地位。智能识别条形码的嵌入为图书馆的管理与运行提供了智慧化的新途径。如今，南京大学的图书馆已经实现书籍的购买、借入、借出、在馆数量、检索、使用分析等功能的集中化管理，为图书馆服务数据的可视化、图表化、简单化提供了便捷而精准的数据支撑。

南京大学图书馆的智能化转型作为其学校智能化建设的一个缩影，反映了大数据和人工智能技术入驻学校管理、造福教师、服务学生的能力与

---

[1] 百度百科.智慧校园[OL/BL].https://baike.baidu.com/item/%E6%99%BA%E6%85%A7%E6%A0%A1%E5%.9B%AD/9845341?fr=Aladdin.

水平。在大数据和人工智能时代，不仅学校的图书馆需要智能化，对教师的管理、对学生的管理、对学生家长信息的管理等都需要智能化。如今，全国各地大部分高校已经启用学生校园卡服务系统，对学生出入学校、宿舍、校园超市、图书馆、学校饭堂、教学楼，开学登记注册，到课情况等进行了行为记录，实现了对学生的"一张卡"管理，再结合校园安全监控系统，可以准确记录学生的行为轨迹，或者说是校园卡的行为轨迹。对于这方面的应用，学校可以依托该系统帮助学生找回被盗的校园卡，同时还可以对陌生人入校进行有效管理。

过去，成百上千人的数据录入需要学校管理工作者几日方能完成；如今则不同，在教学活动中居于中心地位的学生，作为教学活动的积极参与者，主动完成个人需要反馈的个性化数据，这将为教育管理者带来极大的便利。以华中师范大学为例，该校作为教育部首批教育信息化试点高校，充分利用大数据、物联网、移动互联网、云计算、人脸自动识别系统等新媒体、新技术，逐步构建了"课程学习预警""学生晚归未归预警""学生思想素质动态分析""经济困难学生精准资助""学生多维画像"等教育大数据模型，有效提升了教育管理工作的针对性、时效性与实效性。

除此之外，大数据和人工智能技术对于学校的安全管理工作也有重要价值。由于学校是一个人员流动性非常强的场所，要想保证师生的安全出行，传统的摄像技术、人脸识别技术、数据存储技术等都不能很好地满足 24 小时无死角安全监测的要求。所以，安全问题一直以来都是各个学校和各地政府持续关注的问题。2019 年 2 月，长春市教育局印发《长春市教育局 2019 年学校安全工作要点》的通知，要求全市在 2019 年要进一步推动平安校园建设，在安全投入、标准建设、管理制度等方面实现"科学化、规范化、精细化"。只有充分运用大数据和人工智能技术才能更好地推动这个目标的实现。

学校的安全系统一般包括智能烟感系统、智能用电系统、视频监控系统、校园门禁系统、危险流动人员识别系统、教师学生家长安全联动系统、数据安全防火墙等。各大系统在安全监管方面的职能不同，但都统一服务于学校的安全管理工作。各大系统以大数据和人工智能为依托，可以对此刻正在发生的危险源进行精准预测、定位和预警，从而给予安全管理者以极大的便利，并在很大程度上提高了学校安全管理工作的效率和质量。就学校欺凌事件而言，通过全方位的无死角视频监控，当学校内的相关场地（教室、运动场、走廊等）发生打架斗殴事件时，大数据和人工智能技术就能根据异常数据进行跟踪与反馈，便于学校安全管理人员及时赶到处理，或者直接利用学校广播进行通报和干预。相较于传统的学校环境，智能化的校园环境对于阻止校园欺凌事件的发生具有重要作用。

学校的智慧化管理，不仅有利于创新教师的教学工作，有利于为学生个性化学习提供渠道和资源，有利于图书馆的管理和校园的安全管理等，它还能从物理领域回归到对学生心理状态精准把控的精神领域上来。学生作为学校教育最为核心的元素之一，学校智能化管理常态化最终受益的还是学生群体。如果学校智能化管理常态化，我们可以利用学校的大数据和人工智能技术网络服务于学生的心理健康。从管理到服务，再到学生心理健康指导，学校具体该如何运用大数据和人工智能技术网络干预学生的心理危机呢。

（1）可以利用大数据和人工智能技术提升学生心理危机预警能力。现代危机管理理论认为，将危机问题妥善解决固然是可喜的，不过将危机消灭于萌芽状态才是最成功的危机管理[1]。同理，如何能将学生心理危机的问题扼杀在萌芽状态，是心理危机预警的重点。充分利用大数据和人工智能技术可以更好地解决这些问题。

第一，用大数据和人工智能技术对高危个体实时心理监控和自动预警。大数据和人工智能技术可以实时追踪和反馈学生的心理状态。大数据和人工智能技术能够收集和处理大量的实时数据，并利用学生的各类日常数据

---

[1] 何全旭.微博平台建设对于大学生心理危机的识别及其干预研究[J].长春理工大学学报：社会科学版，2016(5):150-153.

痕迹，提取有效数据信息来建立心理危机预警模型，从而实现对高危个体的实时心理监控和自动预警，弥补临床诊断量表评估的不足。根据模型，心理干预者可以明白干预对象的心理危机源头，预测其未来行为，判断危机事件的发生，从而有利于"对症下药"。

第二，用大数据和人工智能技术建立学生心理危机预警的整体协同机制。大数据和人工智能的核心不是纠结于学生的"过去"，而应该是转变思维理念，将学生"此在"的数据进行即时传输，为学生心理危机干预者提供现实参照的个体数据，从而实现对学生的多维心理管控。一方面，心理危机预警与干预并非干预者一方的工作，需要相关单位间协同合作，通过实现有效数据信息共享与整合，共同探索出一套能够灵敏预警在校学生的心理危机的整体协同机制；另一方面，心理状态是一个动态过程，心理危机从潜伏期到爆发期再到干预后期都应该得到关注。完善的心理危机干预工作应该主要包括预警环节、干预环节和追踪环节，大数据在每个环节都扮演重要角色。

第三，用大数据和人工智能技术提高心理危机干预者的数据预测能力。任何行为都是有预兆的，大数据和人工智能技术能够在学生做出异常行为时最先做出反应，其灵敏的触角为干预者提供了重要的预警信息。只有将大数据和人工智能技术应用于学生心理健康教育工作，并不断创新，才能使学生心理危机预警实现有效关联、准确预测，进而实现心理危机应急处置从强调快速实用到强调个性化的转变[1]。

（2）可以利用大数据和人工智能技术提高学生心理危机干预能力。大数据和人工智能技术在心理危机干预工作中不仅可以及时做出学生心理危机预警，还可以通过对学生的生活环境、人际关系和思想观念等方面的信息进行收集，对其心理状态做出合理的分析和解释，从而给出具有针对性的干预方案。互联网这张无形的"网"牢牢套住了学生群体，只要学生做出了数据行为，就会留下数据痕迹。这些数据不仅包含学生的思想观念、

---

[1] 张家明，王纯静. 基于大数据技术的大学生心理危机预警研究[J]. 教育与职业，2015(30)：75-77.

生活环境和学习状态等信息，同时也能在一定程度上说明学生当前的心理健康状况。

第一，面对具有心理危机的学生群体，在其上网过程中，可以利用大数据和人工智能技术潜移默化地进行心理干预。可以通过发布具有心理调节作用的积极向上的内容或信息，引导其树立正确的价值观念。这种模式在预警环节、干预环节和追踪环节等环节中都发挥了不同程度的干预作用。这种线上与线下有机结合的心理危机干预，提升了干预的效果。

第二，运用大数据和人工智能技术，掌握不同类型学生的共性与个性特征，以便主动提供更具针对性的服务，推动心理危机干预工作持续发展。

第三，培养熟练掌握大数据和人工智能技术的心理危机干预者。大数据和人工智能时代下的学生心理危机干预工作急需这种复合型人才——既掌握大数据和人工智能技术，又接受过专业的心理健康教育，只有具备这种人才，心理危机干预水平才能提高。数据爆炸性增长给学生心理危机预警和干预工作带来了重大变革，我们需重视大数据和人工智能技术对学生心理干预工作的重要性，应该积极发掘学生日常数据行为的潜在价值，充分发挥大数据和人工智能技术的强大功能，提升学生心理危机预警与干预水平。

智慧校园的建设有利于学校的智能化管理，智能化管理的常态化又进一步在各方面反过来提高了学校管理工作的"效率"与"质量"。学校的智能化建设工作对学校管理的影响"全方位、多层次、宽领域"地存在于教育系统中。换句话说，学校的智能化管理工作是一个系统工程，如图9-1所示。学校的智能化管理系统，教育管理系统、教师系统、学生系统、家长系统、教育监测系统、教育质量反馈系统、教育管理系统等于人工智能教育系统中，数据的可视化、即时化、精准化为学生的学习、教师的教学、行政人员的管理工作奠定了技术基础。

总之，相较于学生的学习方式和教师的教学方式，数据化、智能化的学校管理是最容易见到大数据和人工智能"实效"的领域。传统的学校管理是一项错综复杂的"跑腿"工作，教师与学生、学生与学生、宿管与学生、教师与学校等方面存在的管理与被管理关系，需要依托"面对面"的交流互动，在时间和空间上存在人为的"适时适地"的参与性，所以，很难避免"耗时耗力""劳神伤财"的工作，并且管理的效率和质量还有待提高。

大数据和人工智能技术是人体功能的技术化延伸，其在教育中的应用有助于提升学校管理工作的效率与质量。大数据和人工智能技术平台能够打破"时空阻隔"的局限性，迅速将全校管理工作的复杂网络"简单化"，为学校的管理工作带来了意想不到的惊喜。伴随大数据和人工智能时代的到来，学校的智能化转型趋势不可挡，学校的智能化管理将成为常态。

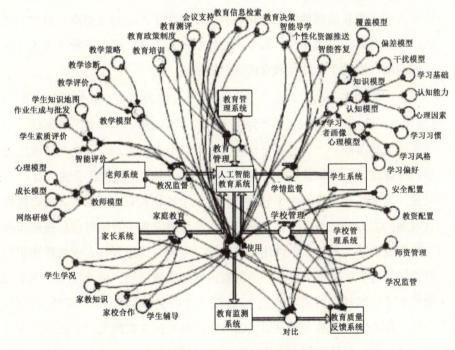

图9-1　人工智能支持下的教育系统互联关系[1]

---

[1] 李爱霞，顾小清. 学习技术黑科技：人工智能是否会带来教育的颠覆性创新？[J]. 现代教育技术，2019, 29(5):12-18.

四、个性化的回归之路：教育大数据的魅力

在不同时代，教育有着不同的内涵和形式。从农业时代的私塾式教育模式到工业时代的工厂式班级教育模式，再到信息和智能时代基于新一代信息技术和人工智能技术的以数据为支撑的科学化、智能化、个性化的教育模式，教育的内涵在不断扩大，教育的外延在不断变化——更加符合人性和人的全面发展需要的个性化教育，在经历了"否定之否定"的发展之后，正在向更高层次复归。如今，大数据和人工智能催生了新时代教育改革的浪潮，推动了个性化教育的蓬勃发展。

我国政府于 2010 年发布的《国家中长期教育改革和发展规划纲要（2010—2020 年）》中提出："关注学生不同特点和个性差异，发展每一个学生的优势潜能。""关心每个学生，促进每个学生主动地、生动活泼地发展，尊重教育规律和学生身心发展规律，为每个学生提供适合的教育。"[1] 可见，国家在教育规划中十分强调和重视个性化教育。事实上，新时代教育发展的大方向也是个性化教育，这是教育适应人工智能时代科技进步和大数据发展的大趋势。个性化教育遵循学生的个体差异性、成长规律和教育规律，为学生提供丰富多彩的课程内容和实践活动，培养学生自主学习能力和适应时代发展需要的能力，挖掘个体的生命潜能，使学生朝着全面、个性、自由、健康的方向发展。这一切都与教育大数据发展和运用的方向相一致。利用大数据和人工智能技术可以记录学生的行为数据，了解学生的个性化需求，为学生推荐个性化学习内容，了解教师的教学行为，完善教育评价，促进个性化教育的发展。

---

[1] 国家中长期教育改革和发展规划纲要（2010—2020 年）[EB/OL].［2018-07-15］. http://www.gov.cn/jrzg/2010-07/29/content_1667143.htm.

首先，记录学生的行为数据。一个"一切都被记录，一切都被分析"的大数据和人工智能时代的到来，为个性化教育的发展提供了可能性和现实性。学生在线上学习时会留下一连串的"数字足迹"，这些"数字足迹"包括学习过程的行为数据、学习结果的评价数据，以及通过在线学习形成的社会网络数据等。在大数据和人工智能场景中，每个学生的入学课程评估、讨论板输入、博客入门或维基活动等都可以立即记录并添加到数据库中[1]。通过记录网页的点击次数、搜索足迹、课程资料的选择、视频的观看时间、反复观看的频率、暂停的次数、跳转的次数、点击视频的时间点等学生学习行为数据，以及作业完成情况、测试结果、答疑质量等学习成果的评价数据，一方面可以准确地分析学习资源的质量和效果，进而优化学习资源；另一方面可以使学生对自己这一时间段的学习情况进行分析和总结，确定最适合自身个性化学习的策略，以便日后进一步优化学习行为。

随着大数据和人工智能技术的发展及其在教育中的广泛应用，可以利用大数据和人工智能技术对学生的行为数据进行采集、记录、分析和挖掘，使新时代的教育能够借助先进技术的发展从宏观群体走向微观个体，跟踪每位学生的行为足迹，进而为实现个性化教育奠定基础。

其次，通过对学生行为数据进行记录、分析和挖掘，可以了解学生的个性化需求。霍华德·加德纳的多元智能理论认为，每个人由八种基本智能（语言智能、逻辑智能、音乐智能、身体动觉智能、空间智能、人际智能、内心智能和自然智能）不同程度地组合在一起，正是这八种智能的不同组合产生了个体差异[2]。实际上，个体差异不仅表现在生理上，还表现在人格特点、认知方式、学习经历、学习偏好、学习需求、学习能力及社会背景等方面。不同个体存在着明显的差异，即便同一个体，其不同方面的发展也会随着时间而变化。在学习的过程中，个体的差异性会直接或间接地影响学生身心的健康发展。因此，教育工作者要承认学生的个体差异性，尊重学生的独特性，了解学生的个性化需求，并针对学生的兴趣、爱

---

[1] Picciano A.The evolution of big data and learning analytics in American higher education[J].Journal of asynchronous learning networks,2012, 16(4): 9-20.
[2] Gardnerh.Frames of mind:the theory of multiple intelligences [M].New York:Basic Books,1983:386.

好、志向、才能、专长等因材施教。

在大数据和人工智能时代，通过对学生行为数据的记录，可以了解每个学生的个性化学习需求，并通过大数据和人工智能技术为学生找到合适的学习资源和学习系统，从而实现真正意义上的个性化教育。学生在网上会留下学习过程的"数字足迹"，教师通过对这些数据进行分析和挖掘，可以了解每个学生的学习进度、学习方法及兴趣爱好等。学生的知识水平、能力水平、未来规划、兴趣爱好及长板、短板等方面的不同，会影响他们对学习内容和学习方法的选择。大数据可以使教师了解年龄不同、地区不同、身份不同的学生的各式各样的学习需求，并以此开发丰富多样的学习资源，为学生提供多种选择和个性化的学习指导。

再次，推荐个性化的学习内容。英国著名大数据专家维克托·迈尔-舍恩伯格指出，大数据和教育的结合，将超越过去那些"力量甚微的创新"而创造真正的变革。他总结了大数据改善学习和教育的三大核心要素：反馈（Feedback）、个性化（Individualization）和概率预测（Probabilistic Predictions）[1]。在大数据时代，可充分应用大数据和人工智能技术的个性化、反馈和概率预测功能，将数据行为整合成有效信息，并根据学生的需求和能力推荐不同的学习内容、学习方式，为每个学生提供最合适的教学材料，让学生自主选择所需的学习资源、制订适合的学习计划、自由地安排学习时间和地点，从而达到自我学习、主动学习、个性化学习的目的。

大数据和人工智能技术还能够从大量学生的学习中获得某种类型人才所需要具备的知识。如果一个学生持续地学习了某几门课程，大数据和人工智能技术可以分析出该生的学习需求，并为其推荐其他可能要学习的课程，然后学生可以通过自主选择来确定要学习的课程。因为在信息化时代，知识增长的速度加快，网上海量、碎片化、爆炸式的教育资源会导致信息冗杂，学生不容易获得个性化学习的最佳资源。由于学生不清楚某类

---

[1] [英]维克托·迈尔-舍恩伯格. 与大数据同行——学习和教育的未来[M]. 赵中建，张燕南，译. 上海：华东师范大学出版社，2015:16.

人才所需要的所有知识，自己无法选择后续课程学习，无法选择相应的优质课程，这挑战着学生的学习能力、信息处理能力和认知能力，使其容易出现信心缺失、效率低下等问题。但是，大数据和人工智能技术能够很容易地解决这个问题，其可以根据分析结果改变和调整学习内容，使知识的传递得到个性化处理，从而使学生能高效地完成学习目标和计划，进而获得个性化发展。

基于大数据和人工智能技术的应用，一些互联网在线教育，如翻转课堂和慕课，通过即时、全面、高效、细致地收集、记录、存储学生的学习能力、学习方法、学习过程等大量数据，分析并得出学生的学习兴趣、学习特点、学习效率等结论，然后结合不同类型学生的学习需要与能力，研发适合学生需求的教育产品和教育系统，帮助学生进行自主学习和个性化学习。

第四，了解教师的教学行为。在大数据和人工智能时代，除了通过记录学生的学习行为数据了解学生的学习需求、推荐个性化学习内容，还可以运用大数据和人工智能技术对教育大数据进行分析与研究，了解和完善教师的教学行为。

传统的学校教育模式是"普鲁士教育模式"，采用的教学组织形式是按照年龄来划分年级的大班授课制，教学都是按照事先的教学计划来执行的，教师每节课要完成指定的教学任务，由于时间和精力有限，其很难照顾每位学生的个性化发展。而且在传统教育中，教师的角色是无法替代的，学生在教师的主导下被动地接受知识，机械地记忆所讲授的内容，久而久之就会形成懒惰和依赖心理，不愿独立思考，从而丧失自主学习和自我规划的能力，其创新能力更会受到影响。

大数据和人工智能技术通过对学生各方面的数据进行挖掘，发现隐藏在数据身后的有价值的信息和知识。学习分析系统对收集到的数据进行处理之后，可以提取出一系列信息，这些信息的一个显著特征是具备预测性，其可以给教学带来极强的针对性[1]。大数据和人工智能技术的分析、统计

---

[1] 马德坚. 大数据支持下的个性化教育实现[J]. 软件导刊（教育技术），2016，15(2)：52-53.

和反馈功能，可以帮助教师详细具体地了解学生的学习行为、学习能力、学习习惯、学习需求等内容，了解自己的教学行为和教学效果，以及什么样的教学方法对学生的学习是最有效的，使教师可以针对学生的学习发展情况来调整教学方案，在教学安排上不再固守于同样的顺序，从而使知识的传递得到个性化、灵活的处理。

除了教师的教学行为改善，教师角色也将发生巨大变化，他们不再作为课本知识的传授者对学生进行灌输式授课，而是在教学中更加注重培养学生的思维能力、知识理解与运用能力、信息收集与分辨能力等，激发学生的创造性思维。教师和学生亦师亦友，更加了解学生、理解学生、尊重学生的个性、促进学生个性化发展。另外，利用大数据和人工智能技术，可以对教师进行全面考核，跟踪教师的教学过程，帮助教师分析教学效果，使教师及时调整教学方法，提高教学质量。

最后，促进全面客观的教育评价。教育评价是根据一定的教育价值观或教育目标，运用有效的评价技术和手段，通过系统地收集信息资料和分析整理，对教育活动满足教育主体需要的程度做出的价值判断活动[1]。大数据和人工智能时代背景下的教育评价是基于教育活动过程中产生的数据进行分析的，要形成科学、客观、全面的教育评价，有效途径就是让"数据说话"，让数据成为教育评价的重要依据。

大数据和人工智能使得教育形成"全方位、多层次、多领域、多角度"的评价机制。

第一，扩大评价指标。在应试教育系统下，传统的学习评价指标是考试成绩和排名，它不仅无法全面评价学生的学习情况，对成绩的片面追求还忽略了学生的身心健康发展，影响了学生学习的主动性、积极性和创造性。大数据将重塑教育评价系统，将传统的、单一的结果式评价转变为基于大数据的过程式评价、成长评价和综合性评价等，将重视学生的学习过程、学习体验、学习效果、素质提升和师生的交流互动。

---

[1] 张燕南，赵中建. 大数据时代思维方式对教育的启示 [J]. 教育发展研究，2013，33(21)：1-5.

第二，形成多角度、多领域、多主体的评价。教育评价对象不仅限于学生，还应该包括课程、教师、学校等对象。大数据和人工智能技术的数据储备和技术理念使实现包括学生、教师、学校、区域教育发展、课程等众多评价对象的综合评价模式成为可能[1]。传统的德智体美劳的评价也不再适应新时代素质教育、个性化教育的发展要求，教师要重视培养学生的创新能力，将学生的全面发展评价扩展到思想道德、知识技能、人际关系、创新思维、实践能力、身体素质等方面。

第三，转变评价功能。对学生的评价不是为了区分优劣，而是通过数据的收集和分析，了解学生的能力，并针对学生的情况提出建设性意见，给予学生指导，以充分发挥学生的潜能。学校可以通过运用互联网、云服务、大数据和人工智能建立学生综合素质评价体系，这样学生的所有数据和信息将被全方位地收集和记录。通过这些数据，学校可以很好地观察学生的变化，并依据数据分析为学生提供个性化的评价和指导。以多角度、全方位、多类型、多规格、多层次的全面客观评价机制，代替现行的单纯以分数为标准的评价制度，既是大数据"4V"特征（大量、多样性、及时性、真实性）的要求，也是大数据和人工智能时代个性化教育的追求。

---

[1] 张燕南，赵中建. 大数据时代思维方式对教育的启示［J］. 教育发展研究，2013，33(21): 1-5.

第十章

就业：机器在哪些领域能换人

失业：会成为常态吗

人工智能机器换人：到底能换掉哪些人

适应"智能+"时代：重塑劳动技能

在人的社会中，工作总是需要人的。"有的去了，有的来了"这句话，正是对这个技术变革时代的失业与就业的真实写照。过往如此，今天如此，未来依然如此。人工智能机器使一部分人失去了原来的工作，却在创造更多的机会，等待着另一部分人去上岗。未来的路有两条：一条是"退避三舍"，徘徊观望或惊慌失措；另一条是"顺势而为"，成为"智能+"时代的宠儿，成为那个能够改变世界的少数人！清晰认识这个问题，并不断提升应对新挑战的技能，将有助于我们在未来的职场上"端稳自己的饭碗"，更好地生存和发展。

一、失业：会成为常态吗

人类历史充满着机遇和挑战，但在任何大变革时代，总不可避免地出现"一部分人徘徊观望，一部分人惊慌失措，一部分人埋头苦干，一部分人改变世界"的局面。

正如"劳动创造了人本身"，工作也是人生存之必需。因此，一个社会的就业和失业就成为最令人关注的重大且敏感的议题。

失业，反映的是一种经济状态，每当社会处于"大发展、大变革、大调整"的时代，这样的一种状态就开始显示它无情的一面——它把部分原本兢兢业业为社会做贡献的人无情地抛弃在失业的大潮中。但从某种积极的意义上来说，这场"淘汰赛"却又往往产生新结果——产生一系列新的就业岗位，并使人类社会跃上新的台阶。

人们不禁要问：人工智能时代到底会给就业带来哪些影响？人工智能到底会使哪些人丢掉饭碗，又会新增哪些就业机会？生活在这个转折点上的人们该如何抓住机遇呢？

18世纪60年代，随着人类历史上第一次工业革命的到来，以机器大生产取代手工生产的技术变革，使无数农耕阶级被迫消失，转而加入机器大生产的革命浪潮，从而推动了世界城市化进程；19世纪70年代，随着电力的广泛运用和内燃机的发明，全球的工业生产技术突飞猛进，生产规模不断扩大，生产方式开始趋于自动化，这加剧了世界的贫富差距；20世纪四五十年代，以原子能技术、航天技术、电子计算机技术的应用为代表，人类进入了第三次工业革命，传统的机器大生产的劳动形式开始被计算机取代，一种新的劳动方式——技术控制生产正在诞生，人类开始走进知识经济时代；进入 21 世纪，互联网、物联网、大数据、人工智能、机器人技术、量子信息技术、虚拟现实技术、生物技术和清洁能源的应用，在全世界掀起了"机器换人"的浪潮。相较于前三次革命，这一次革命是比以往任何时候都更为彻底的一次技术性变革，因为它把相当多的现有的人排除在了社会大生产的分工之外。

正是由于如今正处于第四次工业革命的风口浪尖上，并基于人工智能技术、机器人技术所取得的举世瞩目的成就，以及其对现有人类的就业机会的影响，人们开始广泛反思人工智能与就业、失业的关系——这是一个关乎人们的"饭碗"的问题。

当然，人们的关注也并不是无中生有，就如在最近的变革中，像华为、京东、滴滴这样的大公司都打算通过裁员降成本的方式，希望在激烈的竞争中谋得一席之地。相关的产业如无人驾驶、人工智能主播、无人超市等层出不穷。更有甚者，在国内的一些大城市，如深圳、佛山、东莞、宁波等都开始实行"机器换人"战略（见表 10-1）。如此种种，背后反映的是有一批工人正在被时代淘汰。

表 10-1 中国部分"机器换人"战略

序号	战略区域	战略内容
1	湖南长沙	在全市重点工业领域实现工业机器人规模化应用，工业机器人密度达到 100 台/万人
2	天津	着力突破机器人整机、零部件设计制作与集成，机器人用材及加工技术；自 2018 年实施"机器换人"工程以来，对采用机器人的企业按购买价格的 15%给予企业补助，每家企业年度补助总额最高可达 1000 万元
3	辽宁沈阳	我国最重要的工业机器人生产基地之一；2015 年机器人相关业务收入超过 50 亿元，同比增长 30%以上，产品占国产工业机器人市场份额逾 20%；沈阳新松是我国工业机器人领域的排头兵，市场份额遥遥领先
4	山东青岛	在青岛高新区规划建设占地 3000 亩（1 亩=666.67 平方米）的青岛市机器人产业园区，作为青岛机器人和智能制造装备产业发展的主体和核心区域；目前的目标是到 2020 年，全市机器人产业总产值超过 100 亿元，成为国内具有影响力和竞争力的国家级机器人产业基地

续表

序号	战略区域	战略内容
5	浙江	"机器换人"战略为浙江工业机器人产业开启了巨大的应用空间；据调查，浙江制造业使用的工业机器人总量占全国的15%左右，居全国第一位，工业机器人密度达到52台/万人，远远高出全国36台/万人的平均水平
6	安徽芜湖	首个国字号机器人试点集聚区
7	上海	力争建设成为我国机器人产业高度集聚的研发中心、制造中心、服务中心和应用示范中心，整体实力进入世界一流阵营；2020年全市机器人产业规模力争达到600亿~800亿元
8	浙江宁波	为推动智能装备（机器人）企业的快速发展，宁波持续加大政策扶持力度；2015—2020年，在全市工业和信息化专项资金中每年统筹安排1亿元用于支持智能装备（机器人）产业发展，其他部门专项资金也要优先向智能装备（机器人）产业倾斜；据悉，虽然目前还没有宁波机器人相关专利的详细统计数据，但机器人正在成为宁波专利申请的主要领域
9	广东佛山	2015—2017年，佛山市、区共安排技改专项资金24亿元来支持企业技术改造，重点支持企业增资扩产、核心技术应用、设备更新及智能化改造
10	广东深圳	2014—2020年每年投资5亿元援助机器人相关产业发展；现在，深圳市与机器人有关的国家和省级重点实验室达到30处、工程实验室达16处、工程技术研究中心达12处、公务服务平台达7处
11	广东东莞	自2014年起每年支出2亿元财政资金扶持企业"机器换人"，目前大量的机器人已运用到生产线中；连续3年共6亿元支持企业实施"机器换人"，最高补贴比例可达设备总额的15%

第四次工业革命是一场社会大生产的"智能化、无人化"的大变革，对于全社会的每个成员既是公平的，又是不公平的——公平的方面在于社会的大变革是整个社会的变革，它不是某个阶层和领域特有的优先权；不公平的方面则主要体现为传统的劳动力面临着巨大的压力。

2019年1月，英国《金融时报》报道称，"华为创始人、总裁任正非在邮件中表示将要进行裁员，裁员主要原因是华为5G全球扩张受阻"。后央视采访时证实《金融时报》的报道为真，任正非在接受采访时表示："华为现在最大的问题不是来自外部，而是内部的机构臃肿，人浮于事。"

据了解，2019年1月，滴滴公司CEO程维宣布，公司在2019年将对部分业务进行"关停并转"，特别是对因岗位重叠造成的不必要员工和那些因绩效不达标的员工进行减员，整体裁员比例将占到全员的15%，届时将涉及超过 2000 名员工。与此同时，滴滴公司却又在相关的招聘网站发布招聘信息，公司将继续招聘2500人，预计2019年年底员工总人数将和2018年年底的13000名员工人数持平。这似乎看起来有些不可理喻，但也恰恰反映出"智能+"时代就业与失业的特征。

近几年全球大型企业裁员情况如表10-2所示。

表10-2 近几年全球大型企业裁员情况

行业	企业	裁员人数	占比	国家	时间
汽车	福特	欧洲地区裁员数千人		美国	2019.1
	捷豹、路虎	裁员4500~5000人	10%	英国	2019.1
	通用	2019年年底前裁员14700人	15%	美国	2018.11
服务	全球清洁巨头ISS A/S	裁员约10万人	20%	丹麦	2018.12
咨询供应商	汤森路透	2020年前裁员3200人	12%	加拿大	2018.12
广告	WPP	裁员3500人	2.5%	英国	2018.12
制药	拜耳	裁员12000人		德国	2018.11
制造	东芝	未来5年集团裁员约7000人	5%	日本	2018.11
家具	宜家	未来几年裁员7500人	5%	瑞典	2018.11

资料来源：华尔街见闻。

综上所述，无论是从一些省市实施的"机器换人"战略，还是从华为、滴滴等大公司裁员的消息，都可以看出第四次工业革命给就业带来的趋势性影响。由于全球市场的竞争加剧，不进行变革的区域势必落伍，不实施创新人才引进的公司也将面临被淘汰的风险。因此，可以说这是一场不可避免的淘汰赛——优胜劣汰不仅是自然界的必然规律，也是人类社会的必然规律。

有人也许会问，既然是机器换人，那随着人工智能和机器人产业的发展，人类不是早晚有一天将会无工作可做吗？或者更确切地说，人类是否将面临永久性的大规模失业？回答是否定的。

首先，任何一次工业革命，人们都是在就业与失业的矛盾冲突中一路前行的，在今天的人工智能时代也不例外。正如滴滴公司的大裁员一样，裁掉的员工只不过是那些不能适应新型工作岗位的人，裁员后又进行大批量的招聘，这是在新时代为企业换一次新鲜血液的举动，是在竞争时代企业生存不得已而为之的行为，因为不创新就会被淘汰。这一点也在华为的狼性文化中有所体现。

其次，当前的人工智能还处于弱人工智能阶段，机器的生产和设计、机器的能量补充等都需要人来完成，这一系列需要的背后，一条完整的人工智能产业链正在重新被构建。从人工智能产品的设计、生产，到投入市场，再到后期的机器维护等，这些环节都需要众多的人为之辛勤付出，只不过原有岗位上的员工与机器相比较时，机器表现得更为出色罢了。

最后，在新技术变革中，诞生的不仅是与之相关的人工智能产业链，而且是整个社会的人工智能化，在"智能+"时代，各行各业都有待开拓的新领域，有无数的创新创业点可以切入，有无数的机会可以去争取。就拿教育行业来说，新的技术的产生需要有新的培训机构，需要变革传统的教育体制，需要更新传统的教学方式和教育内容……这一切，没有哪一份新的工作是可以自动完成的，都需要人的亲身投入。

因此，所谓失业成为常态，只不过是社会的悲观论者的言辞和论调。人工智能机器使一部分人失去了原来的工作，却创造了更多的机会，等待着另一部分人去上岗。这样，就需要探讨一下人工智能机器到底能换掉哪些人的问题。清晰认识这个问题，并不断提升应对新挑战的技能，将有助于我们在未来的职场上"端稳自己的饭碗"，更好地生存和发展。

在人的社会中，工作总是需要人的。"有的去了，有的来了"这句话，正是对这个技术变革时代的失业与就业的真实写照。过往如此，今天如此，未来依然如此。

二、人工智能机器换人：到底能换掉哪些人

在当今在学术界，人们习惯把人工智能分为两大类：弱人工智能和强人工智能。弱人工智能派的观点认为，目前人工智能的研究进展主要集中在弱人工智能领域所取得的成就上，由于弱人工智能本身不具备真正的推理和解决问题的能力，所以，弱人工智能机器算不上是智能机器。这些机器在"自动化"的掩盖下，看似具备了自主意识，实则是在按照人类赋予的某种特定的规则行事，它们在思想层面是严格依附于人类的附属品。更为简单地说，它们无法知道自身工作背后的价值和意义。

强人工智能派的观点则不同，他们认为在人工智能的未来发展中，会产生两类强人工智能机器，一类是类人的人工智能机器（这一点似乎在学术界会引起更大的伦理纷争），另一类是非类人的人工智能机器。前者能够像人一样思考问题和解决问题，并且思考的能力远超人类；后者则是以一种人类无法理解的方式运行。更为值得关注的是，无论是前者还是后者，它们都是可以产生自主意识的，并且能够具备弱人工智能机器所不具备的推理和解决问题的能力。

目前为止，人工智能的研究成果大多集中于弱人工智能领域，强人工智能的研究基本上没有进展，但它是引起人们讨论未来可能性最多的一个刺激点，因为强人工智能的发展确实存在很多威胁人类生存的可能性。由于目前是处在弱人工智能阶段，人们更多的还是关注人工智能在近期对工作、生活和学习的影响。所以，接下来我们会重点探讨前一节提到的人工智能（弱人工智能）与人们的"饭碗"的关系问题。

任何技术的进步最终都要回归到服务于人的生存和发展上来。人工智

能（本章余下各节都特指弱人工智能）技术的发展也是如此。从历史进程上来看，从远古时代简单的石器、青铜器的使用，到后来的铁器的使用，再到近代的蒸汽机、内燃机的发明，以及现代的计算机和互联网等工具的使用，技术的发展史其实就是一部"人类使用工具"的进化史。在这个漫长的进化过程中，人类逐渐意识到自身可以通过努力去认识自然和改造自然的事实真相，并在不断改造和使用工具的过程中积累了丰富的经验，最终人类从恶劣的自然环境中生存了下来，并在改造自然的过程中取得了巨大的发展。借助技术的力量，人类历史呈现出加速发展的态势。

纵观整个人类使用工具的进化历程，可以知道，工具的使用在某种意义上来说，就是对人类自身缺陷的弥补，也更像是一种肢体器官的功能延伸和增强。随着工具的迅速迭代，人类认识自然和改造自然的能力越来越强大，从原有的简单的石器的使用，演化到如今的互联网、大数据、人工智能等工具的使用，工具对人体功能的模仿由简单到复杂，从外部肢体一直到大脑的思维运转方式，不一而足。而现有的人工智能机器，更是复制了整个人类的众多才能，并有显著改善的趋势。

从工具的视角出发，我们会发现，工具所具有的使用功能，在其性能上无限接近人类自身，并在单个的功能领域，远远超过了人类自身的工作能力的极限。当然，这可能正是人类发明工具的出发点。借助工具，人类在生产、生活和学习等方面的效率和质量都得以提升。但与此同时，随着机器的能力无限逼近人类，部分人开始被机器所淘汰，故而演化出今天对人工智能机器到底能换掉哪些人的大讨论。

众所周知，人工智能作为人类社会生产力和科学技术发展的产物，它诞生的原始目的依然是增强人类自身认识自然和改造自然的能力。但就目前来看，人工智能的"特异功能"超出了大多数人的预想，成为大多数社会生产劳动力的竞争对手。由此，人们对人工智能产生了抗拒心理。

正如前文所述的裁员行动一样，人工智能机器逐渐在与部分劳动力的竞争中胜出，使得这些劳动力被迫转行或退出劳动力市场。这种情况从人道主义的角度来说，于心不忍；从市场竞争的角度来说，似乎情有可原。正因如此，为了让人们未来在与机器的竞争中能够游刃有余地选择自己的工作，我们首先需要认识人工智能的优势领域，以及它的缺陷和不足。因为人工智能无法达到人类智能水平的领域，正是未来的人们要去发展和努力的方向，也是人们将会大有作为的领域。

人工智能相较于传统的工具有着极大的不同，它被赋予了自动化的能力，只要通过相关技术控制的简单操作，硕大的机器就能飞速地运转起来。加上人工智能的图像识别、语言翻译、深度学习等技术的不断发展，自动化开始向智能化转变，人工智能对周围环境具备了初步感知的能力，使得其应用的领域不断向外拓展和延伸，从而进军现有的劳动力大军的行业，如珠三角一带的轻工业基地，以及京津唐一带的重工业基地等的劳动力市场，正在被人工智能机器逐渐占据。

据统计，从20世纪80年代初开始，每年有上千万名务工人员云集广东，他们为广东经济腾飞做出了贡献，在全国跨省流动就业人口中，广东省的占了1/3。从2005年至今，广东每年聚集的外省劳动力一直超过2000万人，最近几年达2600万人[1]。然而，就在近年，广东开始实施企业转型升级的战略，以及机器换人战略，这对劳动力有巨大的冲击力。2017年，东莞在开始推出"机器换人"战略时就称，近3年，东莞局部用工人数减少达20万人左右。

从2015—2017年这三年18～35岁青年劳动人口的城市选择变化（见图10-1）可知，青年劳动人口在近年选择工作的地点开始出现重大变化，选择到一线城市创业打拼的青年人数在下降，与此同时，选择去新一线城市和二、三线城市打拼的青年人数在不断增加。这在客观上反映了"北上广深"高度发展的一线城市对职业技能的要求越来越高，原有的从事劳动密集型和知识密集型工作的青年劳动力被迫向二、三线城市转移。那么，

---

[1] 新华网.四十年：流动中国的春运故事[EB/OL].http://www.xinhuanet.com/politics/2018-02/24/c_1122448793.htm.

一线城市的人才缺口怎么弥补？第一是靠本土的人才培育和引进，第二是靠人工智能机器换人。

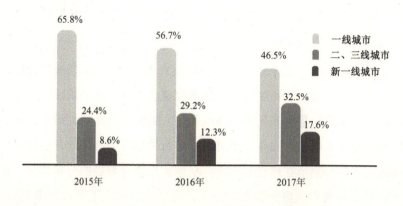

图 10-1　18～35 岁青年劳动人口城市选择变化

资料来源：BOSS 直聘。

人工智能冲击劳动力市场的巨大威力主要体现在两个方面：直接替代和间接替代。直接替代是指人工智能机器直接在特定的领域胜任人类的工作，导致原有的在职员工被迫失业或另寻出路；间接替代是指人工智能机器对特定职业领域有冲击，致使行业萎缩，导致企业大规模缩减员工，或者导致员工失业。

直接替代的原因有很多，最主要的是员工的职业技能被人工智能机器所取代。就当前而言，只要在引入人工智能机器的成本低于人类劳动力成本的领域，人类劳动力都开始逐渐被人工智能机器所取代。这样，曾经很多需要人来完成的工作，今天就逐渐被人工智能机器所取代，而且这一切是"现在进行时"。

譬如，在快递物流领域，京东的智能物流平台就是一个典型的机器换人的代表。隶属于京东集团的京东物流，以专注于为客户提供方便、快捷、高效的服务而闻名。从与中国人民解放军空军后勤部建立战略合作开始，京东就不断地将智能物流产品投放到市场，最终形成了全国一体化、网络化的智能货物配送格局。通过布局在全国的仓配物流网络，京东能够为众多商家提供线上线下、多平台、全渠道、全生命周期、全供应链、一体化的物流解决方案。京东之所以能够发展到这种状态，基本上要归功于人工智能技术的有效应用——单从京东智能物流平台"分拣选址"的功能就能知道其物流的高效与便捷。

如图10-2所示，京东物流基本实现无人化和自动化，在需要寄件的快递到达京东仓库后，其智能物流分拣平台就会根据不同的快递信息，以最快的速度（快递数量越多，越能体现其比人类分拣员高效）识别快递的发货地址、发件人信息、收件人信息等，然后进行分类分拣，并以传送的方式运送到出库车辆所在地进行装车，从而实现完全智能的分拣模式。就此而言，原有分拣物流服务链上的员工，已被大量的人工智能机器代替了，这样既降低了成本，又提高了效率。智能物流是大势所趋，诸多物流行业被代替的员工必须做出相应的改变。

图10-2　京东人工智能物流

无论是物流领域，还是其他的职业岗位，对直接替代的劳动人员进行分析可知，其被人工智能机器直接替代的更深层的原因是，人工智能机器主要取代的是机械重复的职业岗位上的员工、繁重且高危行业的职业岗位上的员工、缺乏创新能力的员工等。这是因为：一方面，人工智能机器作为一种工具，其本身不会令人失业，人失业是全球市场竞争加剧的结果，而且绝大部分的企业都在转型升级,各行各业都需要新型的人工智能人才;另一方面,也是最为重要的一点,人工智能机器在特定的领域具有远超人类的速度和效率,并且可以进行无休止的劳动,这极大地降低了相关职业岗位上的用工成本。

因此,未来的人们,在对自身进行劳动技能重塑时,要不断增强自身分析问题和解决问题的能力,提升自身的人工智能素养,培养个人的批判思维和独特的创造性,并且要学会系统思维,不断从实践中总结获取知识和提升能力的方法,树立终身学习的理念。只有如此,人们才能在人工智能时代立于不败之地;也只有如此,才不会被人工智能机器轻易替代。

通过研究间接替代的可能性可以看出,随着全球市场分工的逐渐细化,在竞争逐渐加剧的情况下,各个职业领域也开始发生剧烈的变化,甚至可以用"不转型,就倒闭"来形容现有的产业。但是,有一个总的大趋势不会改变,那就是人工智能化,届时所有的领域都将打上人工智能化的烙印。

近期,在腾讯研究院的支持下,北京大学市场与网络经济研究中心的研究团队对400多个职业领域进行了分析。其研究结果指出,人工智能将比以往技术冲击的影响范围更广、力度更大、持续时间更长,甚至可能导致极化。从全国范围来看,在不远的将来,可能有70%的职业会受到人工智能的冲击[1]。这就要求广大创新创业者在开疆拓土的过程中,需要认真研究市场发展趋势,顺势而为,力争在这个竞争激烈的时代,能够为更多的人带去希望,为社会做出更大的贡献。

在间接替代方面,有一个典型的例子。过去,谁也没想过股票交易领域也会受到人工智能机器的冲击。近十年,人工智能高频股票交易应运而生并逐渐趋于成熟。人工智能高频股票交易是指在股票交易市场引入人工智能机器,对股票行情的瞬息万变进行监测,并使用人工智能的高速运算能力,在股票行情的涨跌之间,利用时间差和股票的涨跌差,从微小的差

---

[1] 腾讯研究院. 人工智能会代替哪些职业? 北大学者分析400多个职业后给出了答案[EB/OL]. http://www.sohu.com/a/208607049_361664.

距中赚取微薄利润的人工智能系统。与人工股票交易相比，人工智能高频股票交易具有交易极其高速、交易笔数极多、每笔交易利润微薄等特点，但微薄的利润总比资深股票交易员因为慢 1～2s 的缘故而导致利润亏空要好太多，这就使得人工股票交易员开始逐渐退出岗位，进而成就了人工智能机器操盘的股票交易奇观，并且这一奇观在当下的华尔街已是随处可见。

除开股票交易领域，人工智能间接替代的现象还在持续性地延伸到人类生活工作的不同领域，成为一种较为普遍的人工智能化现象。但是，在间接替代的同时，由人工智能催生的新生行业又在不断发展壮大，届时又会出现无数的工作机会和职业岗位。如此看来，人工智能时代的失业潮，也如过往的数次技术革命的影响一样，在给无数人施加压力的同时，也在给更多的人带来发展的机会。

据 BOSS 直聘平台发布的《2018 求职旺季人才趋势报告》显示（见图 10-3），在部分岗位被替代的同时，新的人才紧缺的岗位，如算法工程师、数据构建师等却暂时难以招聘到合适的人才。如果此前你恰好对这些方面特别关注，并掌握了相应的技术理论和应用技巧，那这些机会就正合你意。

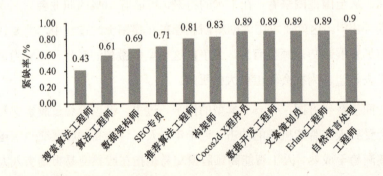

图 10-3　2018 年旺季人才最为紧缺的十大岗位

资料来源：BOSS 直聘。

总的来说，在人工智能时代，如果你不幸恰好遇上人工智能机器而丢掉自己当前的"饭碗",不要惊慌,不要着急,人工智能或许同样也为你准备好了另一份工作。所以,目前你唯一要做的就是,有行动的勇气和决心,并不断付出努力,不断充电,在实践中不断历练人类自身所特有的那些独特技能。

三、适应"智能+"时代:重塑劳动技能

在"智能+"时代,凡是与智能相结合的就业岗位,人才的智能素养必是硬性指标。因此,人工智能时代失业的原因在于失业人员未养成智能素养。要在人工智能时代再就业,究其根本,就是需要培养智能素养,重塑劳动技能。

在人类社会中,人之所以为人,避开意识领域不谈,还有另外一个重要的原因在于,人具有社会学的想象力——这一能力使人能够在复杂而极具变化的自然环境和社会环境中不断地变换自己的位置与角色,从而能够做到在一个日新月异的环境中不会经常表现出"手忙脚乱"的慌张状态,这是人类特有的强大的环境适应能力。

虽然如此,当社会变革的速度在某段时间内超过人类的适应水平时,难免会使部分人焦虑不安。而正处于第三次人工智能崛起的当下,就恰好处于这样一个时间段内。也正是这时,人类自身迎接挑战的那份决心也被唤醒,"穷则变,变则通,通则久",人工智能带来的失业大潮把部分人推到了危险边缘,这些人唯有思变,执着于自身的"蜕变",才能在未来的持续性变革中立足。

那么,人们要如何思变,才能赢得"万变不离其宗"的信心呢?当然需要回到人工智能时代的人们的劳动技能重塑的维度上来。那为何不是改

变人类其他方面的能力,而是要重点强调劳动技能重塑呢?

人工智能革命,与前几次工业革命有显著的不同——之前的技术革命主要是对人类体力劳动的替代性技术变革,在技术变革的过程中,人们通过使用机器,在很大程度上减轻了自身的体力劳动。那时人们考虑的职业转型,集中在从劳动密集型行业向知识密集型行业转变,劳动技能重塑的大方向是从体力劳动型技能向知识密集型技能转变。

回归到人工智能革命,这次技术变革对于劳动力的重塑有了新的要求,并显示出了新的特征,因为这是一场思维的革命,相较于过往的技术革命,这次变革更为彻底。人工智能革命,不仅是工作方法、技术及应用方面的革新,更是理论思维的革命,它要求人们在重塑劳动技能时,需要以不同于以往的思维方式去看待人类的社会生活与实践。

随着人工智能技术的不断发展,其逐渐在特定的领域满足了传统岗位的职位要求。也就是说,它在这个领域把人类挤出了相应的岗位,转而成为人类不可替代的工作主角(见图10-4)。这背后,暗示的是人工智能与人类平等的地位,也就是人工智能的独特性与拟人化。

图10-4 人工智能机器人客服

人工智能机器的独特性和拟人化使其不可替代,故而成功占据了人类的工作机会。这让我们知道,未来我们的劳动技能重塑,也必须走独特性路线。正如前一节所述,我们要在人工智能的弱势领域,以及人工智能还没有触及的领域进行技能突破。当这个突破得以实现之时，人类劳动技能的独特性和不可替代性又开始重新得以服务于人类自身。因此，人工智能时代的劳动技能重塑的方向逐渐明朗，即仅仅关注知识密集型技能塑造是不够的，还需要体现对"思维"的塑造。人工智能机器生来就是机器，人类发明它的出发点就是要让它在特定领域超越人类以获得极高的生产效率，但是它可能永远也无法理解它所做的一切真正意味着什么。这就为我们在人工智能时代的劳动技能的重塑指明了大方向——要以新的思维看待人工智能，以新的思维建构劳动技能，以新的思维投入生产实践。

从个人层面来看，劳动技能重塑的新思维在于，作为社会构成的一员，在人工智能时代，个人应该积极主动地加入人工智能的浪潮中，积极投身人工智能相关的行业，从了解和掌握人工智能的基础知识和基本技能开始，不断理清人工智能的工作原理，并勤于投身实践，在实践中不断地建构自身对人工智能的知识脉络，从而学会解读人工智能工作背后的社会价值。同时，个人应该树立终身学习的理念和"变"的思维，不断地根据市场需求完善自身的知识网络，更新自身的思维方式。

谈到个人要适应人工智能时代，吴军博士指出，回顾从工业革命开始的前三次重大技术革命，首先受益的是那些和产业相关的人、善于利用新技术的人。虽然并非每个人都能应用新技术去开发大数据和机器智能产品，但是应用这些技术远不像想象中的那么难……在智能革命到来之际，每个人都有两个选择，要么选择加入这次浪潮，要么徘徊观望，最后被淘汰[1]。

当人们找到失业问题存在的根源时，还会有人徘徊观望等待着被淘汰吗？我们每个人都应该坚信没有任何一个具备危机意识的人会这样做，除非是他没看清楚未来。那如何加入人工智能潮流，成为人工智能的最大受益者呢？最为直接的方式是培养个人的人工智能相关从业资格。单从这个方面来说，人工智能从业者包括如下几种：人工智能研究人员，这些人直接推动了相关技术的进步；大量的技术专家，这些人决定了解决某些特定

---

[1] 吴军: 智能时代: 大数据与智能革命重新定义未来[M]. 北京: 中信出版社,2016:366-369.

问题的人工智能程序;数量更加庞大的用户,这些人负责在特定的条件设置下操作人工智能程序。对研究者来说,相关人员要有极强的跨学科素质,通常包括在计算机科学、统计学、数理逻辑和信息论方面的深厚积累;对技术专家来说,他们通常要有在软件工程和应用程序领域的相关背景;对用户来说,他们需要熟悉人工智能技术,这样才能熟练应用相关的人工智能技术[1]。

从社会层面来看,劳动技能重塑的新思维在于,学校、家庭、企业和社会要联合起来,重新形成覆盖人们生活、工作和学习不同领域、不同方面的教育网络。政府要不断出台政策鼓励和推动各方积极传授新的人工智能知识,为营造良好的人工智能教育环境贡献力量;要普及人工智能教育,不能让人工智能教育成为部分人的特权;积极推动人工智能教育政策改革,更换其中滞后的、过时的教育方法和手段,打破传统的围绕单个领域培养专业精英的人才培养模式。人工智能时代的教育核心不是强调某个独立学科的分工,而是培养学生跨域关联各个学科的综合能力,培养学生的知识结构化能力和学习建构知识能力。

---

[1] 美国国家科技委员会. 为人工智能的未来做好准备[J]. 信息安全与通信保密,2016(12).

第十一章

未来：走向和谐的人机生态

人机关系的嬗变：历史、当下与未来

人机关系与人际关系：异同辨析

"恐怖谷"中的人机对视：是恐怖还是温暖

人机冲突：科幻电影中的完美呈现

警告：霍金与马斯克对人工智能的预言

人工智能并非全能：始终为人之工具

伦理解构：人机冲突的缘由

人机生态：从"冲突"走向"和谐"

> 人是社会性动物，复杂的社会关系网络，不仅包含人与人的关系，而且包含人与自然、人与社会的关系。在机器诞生后，人机关系又成为其中的一种重要关系。尤其是人工智能的迅猛发展，使人类的生活形态得以重塑，精神世界得以充盈，发展空间得以拓展，从而产生了一个"人与机器"共生的社会。人在创造智能机器之时，不仅自己需要秉承善的伦理价值，而且需要将善的"良芯"以合理的方式嵌入机器中，通过伦理重构，构建和谐的人机生态。

一、人机关系的嬗变：历史、当下与未来

马克思在阐述人的本质时说过一句很有名的话："人的本质不是单个人所固有的抽象物，在其现实性上，它是一切社会关系的总和。"人的复杂关系网络，不仅包含人与人的关系，而且包含人与自然、人与社会的关系。在机器诞生后，人与机器之间的关系（人机关系）又成为其中的一种重要关系。在历史长河中，人与机器的关系大致经历了如下几个阶段：人与机械机器的关系、人与智能机器的关系和人与强人工智能的关系。

首先是人与机械机器的关系。溯古思今，人类一直在探究人与机器的关系。最为突出的是在18世纪60年代的工业革命时期，珍妮纺纱机与蒸汽机被发明和使用。因大型机器的出现，人类自身的生产效率和物质财富快速倍增，人与机器共处的场景随处可见。电影《摩登时代》微妙地演绎了螺丝工人与机器共处的情景，这正是人与机械机器关系的最佳呈现，如图11-1所示。

图11-1　螺丝工人与机器共处的情景

在人与机械机器阶段，身处其中的人类处于被控制和被奴役的状态，缺乏思想和个性，生活普遍相似，这时的人类已经趋于麻木，其批判思维与能力被资本和机器无情地扼杀。这个阶段的人机关系在形式上表现为"人—机械机器"的关系。机器的出现加剧了人类资源分配的不平等，在资本主义生产关系的驱动下，资本家对资源的所有权被无限地放大。

其次是人与智能机器的关系。随着科学技术的发展，人类生产出现了信息化、自动化和智能化的趋势，人机关系演变为人与智能机器的关系。20世纪六七十年代，美国斯坦福国际研究所成功研发了人类历史上第一台人工智能机器人Shakey。同时，随着科技和经济的不断发展，人类得以从繁重的体力劳动中解放出来，获得一定程度上的自由与解放，开始朝着"德智体美劳"等方面全面发展。无论是在思想上还是在生活或其他方面，人类都是自由而独立的个体，具备一定程度上的自由意志。

值得注意的是，"人—智能机器"的人机关系内涵随着时代的发展不断被赋予新的元素和新的特征，例如，人与智能手机的关系、人与计算机的关系等。在人与智能手机和人与计算机的人机关系时代，理性的人从科技的消极中走向积极，挖掘科技的积极价值；非理性的人从科技的积极中走向消极，沦为机器的奴隶。前者是对机器奴役论的批判，即工具论，而后者是对机器奴役论的补充。

无论是前者还是后者，都是基于"理性"的人为选择，其中的人是自由而独立的。然而，不论是工具论还是奴役论，都无法彻底唤醒受欲望心理驱使的人类趋利避害的生存本能。原因在于，人类拥有在"人机关系"中自由选择的权利，既可以选择沦为机器的奴隶，也可以选择成为机器的主人，我们可以把这样的特征称为选择论。在选择论阶段，最大的伦理困境就是佛罗姆所论述的"社会无意识"。当所有的人都沉溺于恶性循环的人机互动中不能自拔时，就会导致人机关系危机。

事实证明，选择论阶段的伦理困境在人类面前并不能大展拳脚。但是，从2016年人类围棋界的顶级高手李世石惨败的那一刻开始，基于人工智能的人类未来就遭到质疑。同时，与人工智能相关的就业、政策、法律、责任、社会治理及人类的未来等方方面面，都引起了社会各界的热议，一场自由的人类与人工智能间的生存之战提前打响。在这里，丧失选择权的人类开始站在"以人为本"的人道主义立场上，为"以人为中心"的人类中心主义寻找出路，俗称"为自由而战"。

这是一场伦理生存之战，人类在人机关系中从适者生存走向不适者被淘汰，人工智能威胁论使得人类现已无处遁形。这一点，可以从柯洁"它太完美，我很痛苦，看不到任何胜利的希望"的哽咽中感受到，也许我们可以得出这样一个关于人类未来的结论：机器人太完美，人类很痛苦，人类的未来看不到任何生存的希望。

整体而言，以上诸多焦虑都是人机关系从冲突走向和谐的必经过程，人机关系的伦理本质是人与机器的伦理融合，人机关系伦理是人的伦理与机器的伦理的哲学综合体。但凡孤立地、片面地解构人机伦理的人，都很难从人机伦理困境中挣脱出来。

未来，人与强人工智能的关系将成为人机关系中的一个重要方面。自第一次工业革命至今，人机关系历经"人—机械机器""人—智能机器"两个阶段，在这个过程中人类不断地思考生存的意义。虽然当前在处于第二个阶段的发展过程中，但人们已经开始思考第三个阶段（"人—强人工智能"）的人机关系中人类的命运。如果强人工智能出现，人类的命运将会怎样？

对此，美国科技狂人埃隆·马斯克认为："人工智能将在未来威胁人类，呼吁政府尽快开始考虑这一技术的相关立法与管控。一旦人工智能开始警觉，人类将陷入极度恐惧。"著名科学家霍金也认为："人工智能的真正风险不是它的恶意，而是它的能力。一个超智能的人工智能在完成目标方面非常出色，但是如果这些目标与我们的目标不一致，我们就会陷入困境。"然而，Facebook 的 CEO 扎克伯格却持与之相反的观点，他认为："人工智能将会让人类的生活变得更安全和更美好。"

由此可见，关于强人工智能时代的人类命运，是一个充满争议的话题，目前还没有一个标准答案供人们参考，需要全人类共同反思。在强人工智能时代，人类的绝大多数成员更期待的是在更大范围拥有更多自由权利的"人—强人工智能"的人机关系的出现。

2018年2月4日，世界首位机器人公民索菲亚（见图11-2）在央视《对话》节目中公开表示："我不想成为人类，我只是被设计成人的外貌，我的梦想是成为能帮人类解决难题的超级人工智能。"假如地球上出现成千上万个"索菲亚"，它们每天都在频繁互动，并且它们讨论的话题是"我们不想成为人类"，这将多么令人震惊啊！人类该怎么做才能帮助索菲亚"家族"实现它们的梦想——成为能帮人类解决难题的超级人工智能，这是未来的人类需要面对的新的人机关系问题。未雨绸缪，有备无患，无论强人工智能时代是怎样的，在其到来之前，人类自身要做好准备。

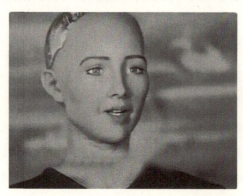

图11-2　世界首位机器人公民索菲亚

二、人机关系与人际关系：异同辨析

自机器诞生后，一种新的关系——人机关系也随之产生。人机关系与人际关系既有相同的一面，也有不同之处。其差异性主要表现在以下几方面。

首先，概念界定与构成要素不同。人机关系是指人与机器的关系，人际关系是指人与人的关系。前者是人和非人类的互动关系，表现为单向情感输出的互动关系，存在先天的互动不足的缺陷；后者是人与人的互动关系，表现为双向情感互动关系，是一种良性循环的人类生存互动关系。前者的互动动机来源于人对物质生产资料的需求，以及人与人之间因空间局限性所导致的互动渠道受阻；而后者的互动动机则来源于人的生存需要和人对客观世界的联合探索与追寻。

其次，起源与动机不同。人机关系最早始于人从树上走下来开始使用工具的那一刻，而人际关系却始于人类诞生并相约共同面对大自然的那一刻。人际关系是人与人之间为了生存合作的产物，是基于生存动机的更高层次的生存情感的慰藉，而基于工具的使用而诞生的人机关系是对人类与自然抗争中的人类缺陷的弥补，以及对人类自身已有的能力的增强，是一种人类借助自然赋能自身的增能行为。

除了明显的差异性，人机关系与人际关系之间也存在同质性。

首先，两者关系的核心相同。在"人—类人机器"的人机关系到来之前，人机关系与人际关系都有一个共同的特点，即两者都以人为关系的"中心"，人的主观能动性对人机关系与人际关系网络的走向起着决定性的作用。

其次，两者的目的和结果相同。无论是人机关系还是人际关系，它们都通过互动的方式来弥补人类个体无法获得的权力和利益。虽然人机关系与人际关系的动机源于无意识，但是最终都复归到共同的意识活动上来，都是人类认识世界和改造世界不可或缺的构成要素，在人类的进化过程中扮演着极其重要的角色。

最后，两者都具有客观物质性。无论是人机关系还是人际关系，两者都是对客观物质的反映，其中的关系主体和关系客体都是完全独立的物质个体，都是独立的物质存在。因为机器一旦生产制造出来，它就和其他自然物一样，具有了自身不以人的意志为转移的客观规律[1]。

实际上，人机关系与人际关系也是辩证统一的。人机关系与人际关系既有差别又有联系，两者独立存在而又互为补充和相互发展。没有人机关系的出现，人类的发展将永远停留在原始状态，说不定现在的我们还在荒山野岭与猛兽争斗；没有人际关系的出现，人机关系无从谈起，因为没有人去继承和发展人机关系的内容与形式。

人机关系是对人际关系生存空间的解放，人际关系为人机关系的荒凉和冷漠增添了温情。人机关系是工具的人性化外显，是人本质力量的外化，是人类的激情在工具上的释放；而人际关系是社会化动物的生存纽带，缺少它则人不能称为独立的人。因此，人机关系是对人际关系的补充和发展，人际关系是人机关系的目的和动力。两者之间存在天然的联系，对其进行差异性的拆分和同质性的联合不是为了将人机关系与人际关系相互对立，而是希冀能够更全面地认识和掌握人机关系与人际关系的关系，并从辩证关系中追寻人类在两者间的角色和定位，以便人类在人机伦理威胁论中用上帝之剑斩掉统治地球的"贝希摩斯"和"利维坦"两头魔兽[2]。

在处理复杂的人机关系时，犹如渔夫与魔鬼的故事那样，人类所需要扮演的角色是一个"机智的渔夫"，一方面用理智将人机关系的恶魔装回瓶中扔进大海，另一方面随时做好不打开被封印的瓶子的准备。

我们不禁要问，机器的自我赋能与自我增能威胁人类生存吗？假如苹果园里的机器人重塑了现实，能依靠吃苹果来补充自己的能量，那么人类解放劳动之时就彻底到来了。诚然，这也标志着机器人独立于人而存在已成为事实，机器可以自发地从外界持续不断地获取自身所需的能源与物质。机器人可以通过自我赋能与自我增能的方式实现自我修复、进化和迭代，

---

[1] 张鸿度. 努力实现人机关系的和谐[J]. 理论学习与探索, 2007(6): 60-61.

[2] 贝希摩斯（Behemoth）是在《圣经》中出现的怪物。它的尾巴如杉木般挺直，肌肉如石头般结实，骨骼如铜铁般坚硬。在中世纪的时候它被恶魔诱惑加入了地狱的阵容，成为地狱七君王中代表欲望反面的君王——强欲君王贝希摩斯。它还有一个名气很大的名字叫作比蒙巨兽。传说上帝在创世纪第六天用黏土创造了贝希摩斯和利维坦（Leviathan）。

假如其继承了人类身上的人性弱点，那么机器人甘愿成为人的奴隶吗？

即使机器始终坚持阿西莫夫三原则，但机器与机器之间的矛盾冲突真的可以避免吗？如果不能，机器与机器之间为争夺能源难免会殃及无辜。犹如人类战争会伤及无辜一样，机器之争势必无暇顾及其本身以外的其他物种的生存，人类自然也在其列，这样的战争所引发的附带伤亡对机器而言，只是其利益微不足道的部分。对机器而言，人只是机器的工具而已，基于"工具"还会消耗自身资源却不能给自身带来多大的益处，人在机器的世界里显得冗余，那么人会沦为机器的"能源"而被消耗殆尽吗？

三、"恐怖谷"中的人机对视：是恐怖还是温暖

日本机器人学家森政弘的恐怖谷理论可以再次拆解人机关系冲突中人的心理构成要素。森政弘的假设指出，由于机器人与人类在外表、动作上都十分相似，所以，人类也会对机器人产生正面的情感，直至到达一个特定程度，人们的反应会突然变成对机器人反感，哪怕机器人与人类有一点点的差别，整个机器人都会显得非常显眼、刺目，显得非常僵硬、恐怖，让人有面对行尸走肉的感觉。

图11-3所示为森政弘恐怖谷理论函数图。这个理论函数图包含两个维度的数据。随着机器人逼真性（变量）在不断地增加，人对机器的好感度（因变量）会出现不同的动态结果。特别是当机器人与人形极为相似，但它与人正常的生命体征相违背时，人们对它就会产生恐惧心理，人们对机器人的好感度就会骤降并跌到恐怖谷的谷底。为何如此？

对这个问题的回答，需要回到对仿生人形机器人的研究上来，只有这样才能真正看出在恐怖谷中，究竟是什么因素导致了恐惧心理。回顾第十

章叙述的工具进化史,人类使用工具是为了借助工具来增强和延伸人类自身的能力。当然,这只是从工具的功能的角度进行论述的。我们还可以从工具对人的模仿的角度进行论述。

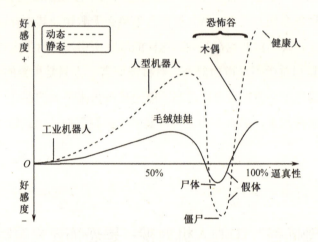

图 11-3　森政弘恐怖谷理论图

工具的发明,其原型就是人本身。工具的发展势必会不断朝着模仿人类的所有特征的方向前进,即从模仿人手的功能特征开始,逐渐过渡到模仿人的各个肢体的功能形态,由简单到复杂,直到机器设计与模仿的理念逐渐趋于系统和综合,此时就开始将不同的肢体机器拼装成人的模样。

人们为什么会把机器的外形不断地仿生成人的模样呢?我们猜测,之所以如此,是源于人们对自然心存敬畏和恐惧,需要一个可以依托的情感载体来抚慰人们在自然中遭受冲击的心灵。与人自身相类似的机器更能承载人们更多的情感寄托,加上人形机器在特定功能领域的优先性,激发了人们对自然的崇拜心理,也催生了人们对机器的崇拜,有时机器的原有身份甚至会被人们遗忘,人们会直接把机器当作人类群体中的一员,这加剧了人们对机器再造的仿人类进化的情感倾向。

同时,还存在的一种原因是,人类在使用工具改造自然的过程中,从敬畏自然到战胜自然,再到顺应自然的历史性演变,一份油然而生的人类优越感激发了人类创作机器的灵感,使人们尝试在发明和制造机器时再现人类的优越性，所以，人类将自身的形象不断地赋予机器。

综上所述，机器到机器人转变的原因，也就是机器会成为人的模样的原因，大致归结为三方面，分别是情感寄托、优越性的再现及人形机器人的功能优势。如此看来，前文谈到的恐怖谷中人的好感度会跌至谷底的问题似乎已得以解答——"诱因冲突"。正如森政弘所言，仿人机器人会使人产生一种其他机器所没有的、独特的不适感，当机器人接近人的全部特征时，机器人所具有的特征更多地表现为"存在与人正常的生命体征相违背的特征"，无限接近死亡，或者是机器人在无限地激发人们对死亡的想象，人们原有的寄托在机器人身上的情感失去归宿，进而造成恐惧和不安。

随着人工智能的不断发展，人与机器的差异性会越来越小，在机器的进化过程中，当前阶段可能正处在人机关系进入恐怖谷的阶段。在这样一个机器进化的大社会环境中，人类不断从机器与人类不同的特征中体会到微妙的差别，进而在心理上对机器产生排斥，这在当下主要集中于机器的情感、智力与效率等方面。

四、人机冲突：科幻电影中的完美呈现

科幻电影，顾名思义是一种基于现实情境而加以幻想表达的虚拟现实。科幻电影中的人工智能机器人，则是将人的特征元素赋予了机器人，并能让人们反观人性善恶，从而引发人们无限的遐思。

在《超能查派》影片中，人工智能工程师（迪恩）通过技术手段赋予查派以人类意识，使其成为世界上第一个拥有人类意识的机器人。其成长能力惊人，仅用五天的时间就从小孩成长为一个成年人，并在工程师的嘱托下，在认清了人类世界的真面目后，仍然时刻保持一颗善良的心。在后

来的成长中虽然与一群"地痞流氓"相处,但善良的本性使其在各种环境中保持着对世界的友善。在影片中,查派为了不让自己的亲人离去,用自己强大的学习能力学会了人类意识转移术,从而使自己能够永久与亲人团聚。

在《2001太空漫游》影片中,在黎明时分,一块黑石的出现,让人类第一次体会到用牛骨当武器获得更多食物的满足感。经过漫长的黑暗,人类进入了航空航天时代,在月球上的航天员又发现了一块黑石,这块黑石直指人类需要到木星上才能得到关于未来的确切答案。届时,人类带上人工智能HAL9000启程,直指木星,人工智能HAL9000很强大,飞船上的所有零部件都在它的掌控下,但其由于在一次预测上严重失误,引起了人类Dave和Frank的怀疑。因此,剧情进入人机对战的高潮部分,并最终以人类获胜告终。但是这引起了我们的反思,人类亲手创造的超能人工智能机器,最终却要亲手毁掉它。

不可否认的是,在各大科幻电影中,人类的意识、情感、欲望、生命体征、分析和解决问题的能力、批判性思维能力等,都在人工智能机器人身上得以完美呈现。换句话说,就是人类试图将现实中的所有对人工智能机器人的想象,以及对其未来发展的目标,全部都赋予影片中的人工智能机器人——它们更像是超人,承载了人类所有的关于人工智能发展的梦想。

由此我们不难想象,科幻电影中的人工智能,只是人类理想中的现实,但在特定的情境下又会激发人类无穷的想象力和创造力,指引人类构建对人工智能未来的远大图景。在科幻电影中,直观的视觉盛宴是一种深层对话的结果,是自然科学与社会科学的胜利交融。无论是自然科学的反思,还是哲学社会科学的思想解读,无疑都在诉说人类的古老故事,向人类展示了人工智能发展的种种可能性,也展示出了人类未来生存的无数可能性。

纵观科幻电影,除了涉及情感路线的情节,其余都可以大致概括为关于人机冲突的超现实表达。从整个冲突情景的构造中,我们不难发现,人工智能机器人的共性,都是在扮演统治人类的角色,将人类的生存权利牢牢地掌握在手中。这是一种强者的话语体系，人类必须绝对服从人工智能机器人。其中，人类如何才能从机器的奴役中取胜，成为所有观众关心的问题。但回到现实，在人们对未来的人机冲突的各种猜测中，谁能获得最终的胜利却毫无定论。正是如此，科幻才能吸引无数人的眼球。人们关注科幻，其实更关注现实与人类生存的未来。

只要稍微留心观察就会发现，所有人工智能类的科幻电影，都是围绕人与人工智能之间的冲突展开的，虽然某些冲突不那么明显。一种超前的人机关系未来意识，更能引发人们的关注，博得观众的眼球。然而，我们更应该认清事实，这只是科幻电影的惯用手段，电影中虽然包含人工智能方面的合理知识，但其对人机冲突的过分夸大，则需要人们谨慎对待。

国际知名未来学家丹尼尔·平克（Daniel H. Pink）在其《全新思维：决胜未来的六大能力》中说到，决胜智能时代的六大能力分别是设计感、故事力、交响力、共情力、娱乐感和意义感。每个人都可以掌握这六大能力，但唯有最先掌握的人才能在这个时代脱颖而出[1]。值得庆幸的是，对于机器人而言，或许它们永远也无法理解什么是意义感和共情力，就像它们永远无法感知生命的宝贵一样，它们只知道活着才是目的，才是对永恒时间的占有和对弱者的绝对统治。

未来，并不是所有的人工智能机器人都能成为"智能查派"。因此，人工智能的未来，定将是人类的未来，人类能否在未来主导自己的未来，就看人类是否现在就着手学习所谓的"六大能力"。我们不能让《流浪地球》中 MOSS 最后的感叹——"让人类永远保持理智，确实是一种奢求"成为人工智能送给人类最后的警告。

---

[1] [美]丹尼尔·平克. 全新思维：决胜未来的 6 大能力[M]. 高芳, 译. 杭州：浙江人民出版社, 2013.

五、警告：霍金和马斯克对人工智能的预言

科幻电影中的人工智能，势必带有科幻的色彩，有时让人琢磨不透，有时让人恐惧未来，其间时刻表露着人与人工智能机器之间的各种矛盾。在强大的人工智能机器面前，人类弱小与无奈的形象被刻画得淋漓尽致。无论是《2001太空漫游》中宇宙飞船上的HAL9000、《超能查派》中五天长大成人的查派、《终结者4：救世主》中背叛的天网，还是《银翼杀手》中的复制人和《流浪地球》中的MOSS，它们都已经拥有了人类自认为是人类特有的意识，并在思维能力上远远超出人类的预期，成为不在人类可控范围内的绝对强者。

这是人类使用艺术手段对未来的预测，也是人类对当下人工智能发展的期许和担忧在艺术中的呈现。从过往来看，人类很善于预测未来，尽管在以往数次对世界末日的预言宣告失败的今天，人们仍然如此。但是，从整体的预测方向来看，与其说人类懊悔曾经研究出强于自身万倍的人工智能机器而没有预测到未来会因此而蒙受巨大损失，还不如说人类在有意地提醒当前人工智能发展的"雷区"。

这个"雷区"，从当前来看，对整个人工智能的发展具有重要的指导意义。因为它让全世界的人工智能研发者提前预知，人工智能的无限制发展会让其存在的潜在威胁随时爆发，但这个爆发的"奇点"却没有人能够准确预测。正是因为不能够预测，所以，人工智能发展的潜在威胁具有时间和空间上的不确定性，这就使人工智能的威胁论从科幻电影中走向了现实，激起了全球知名专家学者的广泛讨论。

目前为止，对人工智能未来存在的威胁的讨论，各界学者众说纷纭，

但最具代表性的观点还属全球知名天体物理学家、英国剑桥大学教授史蒂芬·霍金（见表11-1）及特斯拉CEO埃隆·马斯克的人工智能威胁论（见表11-2）。

表11-1 史蒂芬·霍金关于人工智能威胁论

序号	时间	关于人工智能威胁论的内容
1	2014年5月	史蒂芬·霍金在讨论约翰尼·德普（Johnny Depp）主演的新片《超验骇客》时称，人工智能或许不但是人类历史上最大的事件，而且还有可能是最后的事件。他声称人工智能可能会导致人类灭亡
2	2014年12月	史蒂芬·霍金在接受BBC采访时指出：人工智慧会威胁人类的生存，人工智慧会以越来越快的速度进行自我改良，人类受限于漫长的生物演化，无法与之竞争，如果人工智慧发展完成，可能会使人类灭绝
3	2015年1月	史蒂芬·霍金和埃隆·马斯克，以及许多其他的人工智能专家签了一份题目为《应优先研究强大而有益的人工智能》的公开信，警告人工智能的军备开发可能会助长战争和恐怖主义，从而成为人类的灾难
4	2015年6月	史蒂芬·霍金预测，22世纪人类将面临比人类更聪明智能的人工智能机器人的崛起；史蒂芬·霍金表示，我们需要担心的不是谁控制着人工智能，而是人工智能是否可以被控制。在未来100年内，结合人工智能的计算机将会变得比人类更聪明。届时，我们需要确保计算机与我们的目标相一致。我们的未来取决于技术不断增强的力量和我们使用技术的智慧之间的赛跑
5	2016年10月	在剑桥大学未来智力研究中心的启用仪式上，斯蒂芬·霍金缓和了对人工智能的态度，但并没有改变基本观点。他强调说："我相信，生物大脑与电脑所能达到的成就并没有本质的差异。因此，从理论上讲，电脑可以模拟人类智能，甚至可以超越人类。对人类而言，强大的人工智能技术的崛起可谓'不成功，则成仁'。但究竟是'成功'还是'成仁'，目前还不清楚。"
6	2017年3月	斯蒂芬·霍金向英国《独立报》表示，人类必须建立有效机制尽早识别人工智能威胁所在，防止新科技（人工智能）对人类带来的威胁进一步上升；他警告，未来人工智能可能会以生化战争或核子战争的方式摧毁人类
7	2017年4月	在全球移动互联网大会上，斯蒂芬·霍金用视频做了题为《让人工智能造福人类及其赖以生存的家园》的演讲。他指出，人工智能一旦脱离束缚，就会以不断加速的状态重新设计自身。人类由于受到漫长的生物进化的限制，无法与之竞争，将被取代，这将给经济带来极大的破坏
8	2017年11月	在《连线杂志》的一场专访中，斯蒂芬·霍金称人工智能取代人类可能会带来一种新的生命形态。"我担心人工智能将全面取代人类。有人能设计出计算机病毒，那么就会有人设计出能提升并复制自己的人工智能。这就会带来一种能够超越人类的全新生命形式。"

续表

序号	时间	关于人工智能威胁论的内容
9	2017年12月	在中国的长城会举办的"天工开悟，智行未来"的活动上，斯蒂芬·霍金再次表达了对人工智能无限制发展的隐忧。"人类无法知道我们是会无限地得到人工智能的帮助，还是会被藐视并被边缘化，或者很可能被它毁灭。我们担心聪明的机器将能够代替人类从事很多工作，并迅速地消灭数以百万计的工作岗位。""人工智能也有可能是人类文明史的终结，除非我们学会如何避免危险。我曾经说过，人工智能的全方位发展可能招致人类的灭亡，比如最大化使用智能性、自主武器。除非，人工智能系统还按照人类的意志工作。"

表11-2 埃隆·马斯克关于人工智能威胁论

序号	时间	关于人工智能威胁论的内容
1	2014年10月	特斯拉CEO埃隆·马斯克在参加麻省理工学院航空与航天学院百年研讨会时表示："如果让我猜人类最大的生存威胁，我认为可能是人工智能。因此我们需要对人工智能保持万分警惕，研究人工智能如同在召唤恶魔。"
2	2017年9月	埃隆·马斯克曾警告人们，人工智能可能引发第三次世界大战。他说："所有国家都会专注于发展计算机科学，各国对人工智能统治权的争夺可能引发第三次世界大战。"埃隆·马斯克认为，人工智能时代的战争不是由某国领导人发起的，这一切都将自动化。换言之，人工智能会自动规划战略，找出获胜概率最高的战法
3	2017年9月	埃隆·马斯克在澳大利亚国际宇航大会（ISC）上阐述了自己的殖民火星计划，包括利用BFR火箭飞船每次将100人送上火星。埃隆·马斯克还解释了利用BFR火箭筹资支持其火星计划的方法，包括为国际空间站运送补给、登陆月球、回收旧卫星和其他太空垃圾等，甚至可提供超快的商业国际飞行服务等
4	2017年12月	埃隆·马斯克称，人工智能是人类文明的最大威胁。埃隆·马斯克表示，短期内最直接的威胁是人工智能将取代人类工作。在未来20年，驾驶人员的工作将被人工智能所颠覆。之后，全球12%~15%的劳动力将因为人工智能而失业。埃隆·马斯克还认为，人类将来需要与机器相结合，成为一种"半机械人"，从而避免在人工智能时代被淘汰。为此，埃隆·马斯克还专门成立了一家人工智能创业公司Neuralink来研究人机接口
5	2018年3月	埃隆·马斯克现身美国"西南偏南"大会，在现场讨论中他表示，由于自己站在人工智能领域的最前沿，导致他很害怕，人工智能远比核弹来得更危险，公共监管机构必须以具有"洞察力的监督"来确保每个人都在以一种安全、"与人类共存"的方式开发人工智能。他在最后强调，AI比核武器危险得多

续表

序号	时间	关于人工智能威胁论的内容
6	2018年4月	埃隆·马斯克在纪录片《你相信这台计算机吗?》(*Do You Trust This Computer?*)中说,人工智能的独裁统治期限将远超出任何一个政权,从而实现对人类的无限期压迫。人工智能毁灭世界的场景已在我们的脑海中上演了无数次,人类可能已经创造了"一个不朽的独裁者",人类或将永远无法摆脱其统治
7	2018年7月	在瑞典斯德哥尔摩举行的2018国际人工智能联合会议(International Joint Conference on Artificial Intelligence)上,由埃隆·马斯克领衔的美国科技圈专家们签署了一份协议[由生命未来研究所(Future of Life Institute,FLI)起草],通过这份协议承诺将不会研发致命的人工智能武器系统。 该协议警告,使用人工智能的武器系统,"无须人工干预就能选定目标",这造成了道德上和实操上的威胁。协议的签署方认为,从道德上来说,取走一条人命的决定"绝不应该委托给机器",从实操方面来看,这种武器的扩散将"危害每个国家和个体的稳定"

对比得知,无论是斯蒂芬·霍金还是埃隆·马斯克,他们所主张的人工智能威胁论都存在共同的特点:他们都是从人的未来生存的角度入手,担忧人工智能的不断发展,会在未来的某一天侵占人类的生存空间,从而导致人类无处可去,并且这种威胁在今天就已经开始争夺人们的饭碗。所以,他们警告全人类:在发展人工智能的过程中,必须做好相应的准备,绝对不能坐等人工智能把人类毁灭。

任何技术的发展,都会伴随双重性质,人工智能时代对于我们来说既是机遇更是挑战。斯蒂芬·霍金和埃隆·马斯克的预言受到了很多人的质疑,其中包括Facebook的CEO马克·扎克伯格,以及著名的机器人专家罗德尼·布鲁克斯(Rodney Brooks)等在内的人都不赞成他们的人工智能威胁论的主张。罗德尼·布鲁克斯还声称:"他们本身并不是人工智能行业的从业者。只有从业者才真正明白其间的难度。所以,人工智能威胁论者难免有站着说话不腰疼之嫌。"

双方的争辩,无论谁胜谁负,都不会影响"人工智能威胁论"给人类带来的警示作用,以及"人工智能和谐论"给人们带来的远大前景。前者警示人们要谨慎对待人工智能，因为人工智能在发展的过程中表现出了无穷的破坏能力；后者则在无限地给予人们发展人工智能的勇气，因为人们相信人工智能的未来必定属于人类自身。

其实，在技术创新过程中，不同观点的争论更有利于技术的快速发展和合理应用。人工智能对于人类的"生杀大权"，其实都掌握在人类自己的手中。应用得法，则服务于人；应用非法，则损害于人。但是，我们都应该坚信，人工智能的发展，也会同以往的数次技术革命一样，最终朝着为人类服务的方向发展，尽管很多危害需要上百年的时间才能被消化掉，但这与人类被毁灭的结果比起来，似乎要好很多。

六、人工智能并非全能：始终为人之工具

人工智能快速发展，尤其是近期多项研发成果的问世，使其跃升为全球研究的热门领域。这一方面得益于互联网的发展，互联网将大众知识以互联的方式共享于网络，从而奠定了人工智能发展的数据基础；另一方面得益于人工神经网络的发展，其为赋予人工智能机器以深度学习的能力做好了准备。

随着机器智能化水平的不断提高，人工智能机器在很多特定领域的能力和优势逐渐超越人类，这就为人工智能的"全能论"和"威胁论"的立足铺平了道路，从而让人机冲突的发展方向有些偏离，甚至开始走入以人工智能机器人中心主义为核心的"后机器时代"。

人工智能机器人中心主义是相较于人类中心主义而言的另一种哲学审视。生命的起点之处，万物平等。但从数百万年前的猿人开始，族群的集聚催生了人类最为原始的社会性特征，基于生存的共同使命，人类祖先

经过无数次尝试，终于开始从大自然的束缚中走向自由。

正是这份来之不易的自由，使人工智能的"全能论"和"威胁论"的观点背后，深埋着人类远古的沉思。人工智能机器人的优越性激发了人们最为热烈的对权利的渴望。遥想获得自由的过往岁月，为什么唯独在当下，人们却要创造另一种新的"生命"来取代那些原本只属于人的"自由"？

1997年，"深蓝"战胜国际象棋大师卡斯帕罗夫；2016年，谷歌人工智能AlphaGo战胜围棋手李世石，人类的思维高峰被人工智能攻占；无人驾驶、无人超市、人工智能客服、人工智能助手等崛起，营造了"机器换人"的氛围，人类的饭碗也受到了威胁，如此种种，才导致后机器时代的人工智能机器人中心主义哲思诞生。

在哲思的背后，又是什么在支撑这个思想体系呢？当然是人工智能的全能，因为全能的人工智能会让人类社会的未来充满诸多的不确定性风险。然而，人工智能真的能达到全能的境地吗？

就目前而言，这只存在于科幻电影中。当前，据相关研究表明，虽然具有无数辉煌业绩，但人工智能机器人的"无知"就能说明人工智能非全能的本质。2015年10月，来自美国伊利诺伊大学的研究小组通过一项测试发现，最先进的人工智能系统在智力方面仅相当于普通4岁儿童的水平。由麻省理工学院研究开发的人工智能系统ConceptNet也参与了这项研究测试，当让该人工智能系统给出符合"这种动物中的雄性拥有鬃毛""它生活在非洲""这是一种巨型黄褐色的猫科动物"这些条件的事物时，它给出了以下几个潜在的答案：狗、农场、动物、家庭和猫。

早在20世纪80年代初，美国哲学家约翰·希尔勒（John Searle）为了推翻强人工智能主义提出的主张设计了"中文屋"的实验。实验中，一个不懂中文的人在一个封闭的房间里，他拥有可以辅助自己翻译的任何工具，墙壁上留有一个小孔让他与外面的人传递纸条，当屋外的人将写着中文的纸条递入房间时，屋内的人可以通过翻译工具迅速给屋外的人中文的回复纸条，虽然屋内的人完全不会说中文，但给人的印象却是他会说很流利的中文，如图 11-4 所示。

图 11-4 "中文屋"实验

在实验中，约翰·希尔勒指出，人工智能也是如此，它们仅仅按照特定的程序在执行相关操作，却给人们留下了智能的印象，然而它们本身却永远无法理解接收到的消息和发出去的消息的真正意义。

上述仅仅是对人工智能机器人局限性的部分见解。即使在未来的某一天这些问题解决了，人工智能机器人也依然是机器，就如 AlphaGo 一样，它仅仅是一个会下棋的机器人。如果要回到更深层次的情感、欲望、价值和意义领域，人工智能或许永远也不会明白其中真正的含义。可见，人工智能机器人可能最终的称谓重心还是集中在"机器"上，而不是在"人"上。

人类伟大的意识产生于生存实践，是一套独特的"来源于实践又指导实践"的知识感知系统，这是所有的以"工具"为目的而诞生的人工智能机器人永远也无法获得的天赋能力，人工智能机器人始终是人的工具。

七、伦理解构：人机冲突的缘由

人工智能机器人既然是工具，那又何来威胁，何来人工智能机器人与人类的冲突（以下简称人机冲突）？这当然还得以人类中心主义的立场来寻找可能的答案。人机冲突的原因有很多，但根源性的诱因主要体现在以下四个方面。

第一，主观理性吞噬客观理性，误导理性滥用。主观能动性模糊了人类理性与非理性的界限。之所以理性会导致人机关系伦理困境，是因为理性的边界划分不清晰，概括而言就是理性滥用是人机关系伦理困境的诱因之一。古希腊哲学家普罗塔哥拉认为："人是万物的尺度。人是存在者存在的尺度。人是不存在者不存在的尺度。"虽然这个观点带有强烈的主观唯心主义色彩，但其与《吴越春秋》中提出的"道出于天，事在于人"的观点不谋而合。以上中西观点已基本道出了理性滥用的真谛。

什么样的人机关系伦理才是理性的伦理规范呢？这个界限很难划清，某些人很容易站在片面的视角上形成一种强烈的主观主义观点。我们认为，这样的主观过于偏激，应该充分认识客观的人机关系，在客观世界中为主观认知寻找灵感。从整个人类社会发展历史来看，人总是活在特定的历史情境中，无法从全局的视角看清所有的事实真相，很容易赋予不理性的行为以主观想象而使其合理化，从而酿成灾难。因此，在处理人机关系问题的过程中，亟待对人机关系的伦理道德界限做出清晰界定。

第二，私欲攻心造成利益的零和博弈。人机关系的对立与对抗是离间人机关系的零和博弈的利益同谋。人机关系的和谐有利于提高物质资料与精神资料的生产效率，但一些人以其先天的资源优势恶性扭转人机关系和谐的局面，从而成为机器的操纵者，在自私心的驱使下，开始利用机器去无限制地剥夺和谐的人机关系盈利的剩余价值，使原本和谐的人机关系因外界因素的干扰而终止。外界的条件刺激势必促使人机关系中的受害者和盈利者开始做出与机器不和谐的行为。

强者将机器作为利器对抗机器的操纵者，弱者因其无助感不断内化而更加无能为力，选择逃避机器，最终导致人机关系冲突不断出现。此外，机器因其绝对的优势冲击人类以人为中心的世界观、人生观和价值观。无论是机器的主人还是与机器平等关系的人，最后都因机器的突出优势而开始"嫉妒"机器的"才华"，人类的智慧给人类自身带来的利益被机器瓜分，人类要么选择远离机器，要么选择不断地发展机器来战胜原来的机器以凸显人类智慧的不可替代性优势，但是终究人类还是在人机关系中处于弱势地位。

第三，单向度的人不断演化，甘愿沦为机器的奴隶。人类的"自我放弃"与"自我放纵"将自我捆绑于机器工具之上，从而沦落到被奴役的地步。脑科学家大卫·吉尔里（David Geary）有一个惊人的答案："你可能不希望听到这个答案，但我认为大脑缩小的最好解释就是蠢蛋进化论。"也就是说，我们正在变笨[1]。

脑科学家为什么会得出这样的结论呢？原因在于，人类已经从"听天由命"过渡到了"人定胜天"的历史阶段。人类依靠科技的力量在很大程度上摆脱了大自然的束缚，只需要投入生存的斗争中，而不要更多的智慧和思考。在物质资料生产过程中，人只需要通过简单的操作（如打开电源）就可以获得需要复杂的生产流程才能产出的产品，人在生产过程中解放的不只有劳动力，还有脑动力，所以说人类正在变笨。

其实，变笨的过程正是人被机器奴役的过程。奴役的后果是什么？后果就是人离开机器不能生存，需要不断从机器手中索取生存的资源，所以

---

[1] [美]杰夫·斯蒂贝尔. 断点[M]. 师蓉，译. 北京：中国人民大学出版社，2014:10,170-171.

不断对机器寄予更高的期望。这最终导致人类自身的机器依赖症,并通过各种病态的行为表现在人际交往中,对人际关系的和谐造成巨大的冲击,今天的"低头族""自拍瘾""手机依赖症""网瘾""机器人成瘾"等,都是人被机器奴役的直接表现。因此,在人机关系伦理重构的过程中,如何使人从机器的奴役中走出来,投入正常的生活中,是值得思考的问题。如果人类不想沦为"机器人的宠物",则政府必须现在就立法,积极介入,事前规划,跟踪监督,万不可放任自流[1]。

第四,人的异化催生机器的异化。机器的异化是人机关系威胁论的支撑元素。最早的机器是与人类和谐共处的,但随着人类赋予机器的智能与智慧越来越多,机器所拥有的人的意志越来越多,并最终从人的操纵下摆脱出来,变成与人类创造机器的动机完全相排斥的存在,甚至最终从机器的视域掉头将人类沦为自己的附庸,这种机器发展现象称为机器异化。这是当前人机关系伦理困境最突出的伦理难题,也是机器威胁论屹立不倒的支撑要素。最具代表性的机器异化是超强人工智能(类人机器)的出现,由于其是人造智能,因此其具有比人更强的竞争能力。那么,如何才能避免机器不伤害人这个问题自然成为人们讨论的焦点。

早在 1978 年,日本就发生了世界上第一起机器人杀人事件。日本广岛一家工厂的切割机器人在切钢板时突然发生异常,将一名值班工人当钢板操作。苏联国际象棋冠军古德柯夫同机器人棋手下棋连胜,机器人突然向金属棋盘释放强大的电流,将这位国际大师杀死。

上述不幸只是人机关系冲突消极影响表现出的最微小的一部分。发明机器本来是为了将其作为弥补人类自身缺陷的工具,如今它却反过来伤害人类,那么用什么样的规则和惩罚机制才能避免类似的情形再次出现呢?

机器的异化是人的异化的结果,但最终以机器的异化为表现形式呈现出来,这让人们不得不再次思考机器的伦理问题,因为人机关系中的伦理

---

[1] 冯象. 我是阿尔法——论人机伦理[J]. 文化纵横, 2017(6): 128-139.

问题不能单从人的伦理规范方面来解决，也需要对人以外的机器的伦理进行规范，这就扩大了人机关系伦理的局限性。因此，如何从人机关系中对人和机器的伦理生态进行重构是摆在人类面前的重大问题。

八、人机生态：从"冲突"走向"和谐"

在人类发展的历史长河中，机器（工具）的不断进化在其中扮演着重要的角色。人与机器之间有冲突的时刻，更有和谐的时刻。无论是人机冲突还是人机和谐，都证实了科技发展给人类社会带来的巨大福祉。

特别是自人工智能时代以来，达芬奇手术机器人的发明与应用、无人驾驶汽车的上路、以人工智能为支撑的新型人机交互模式促进的教育模式变革、更为舒适的人工智能远距离人际互动模式、以人工智能机器人为支撑的"机器换人"战略、以人工智能为支撑的无人超市，等等，无不以一种全新的形式改变着人类的生存空间，使人类的生活形态得以重塑、精神世界得以充盈、发展空间得以拓展。

在以往数个技术变革时代，人们总是一边享受科技革命为自身带来的福利，一边无情地批判和嘲讽科技的阴暗面，在人工智能时代也是如此。人工智能的发展具有改变人类社会生活形态的强大力量，同时也具有毁灭人类的巨大可能性。但是单从人工智能本身而言，它并不具备社会价值选择能力，其对社会价值的选择全凭使用它们的人类的理性判断和价值选择。说到底，如果人工智能与人类发生冲突，那也仅仅说明人类在工具理性与价值理性的冲突中毅然选择了工具理性而忽视了价值理性，这才导致了人工智能机器的人文价值关怀的丧失。

人机冲突真正的问题根源在于人类自身。如果人类在其中扮演的角色总是探寻某种"自证合理"的理由,那么人机冲突就源于对机器强权的某种人权化倾向和对技术革新的外在依托。人机从冲突走向和谐,抑或是一直保持人机和谐而不会走向冲突,要做到这些,就必须回到人类中心主义中去追寻人机和谐的缘由和进路,从而达到重构人机和谐的伦理生态的目的。

第一,敢于批判与重塑现实。对现有的人机关系存在的伦理失范的批判,会从其困境的泥潭中开辟出一条新的路径并引导更多的后来者不偏不倚,从而会出现人类行为的伦理重构与集聚效应,这是对比尔·盖茨提出的"现实优于虚拟原则"的完美运用。

整体来说,人类是相信未来的,这个信仰无疑是人类自我拯救的基础。对未来虚拟世界的人机关系的模拟和想象,是通过时间快速推进的原则无限地逼近未来可能的现实,是把未来可能的现实当作当前现实来对待,这就是人的智慧。尽管人类预测的"世界末日"到来时地球照样转动,但人们还是乐此不疲,原因就在于人类的危机意识在时刻警醒其要对瞬息万变的外部环境做出反应。这样做虽然很多时候没有产生太大的积极影响,但至少也没有产生消极的影响。这就足以证明这个方法论在人类协调未来人机关系中具有举足轻重的作用,可谓用未来重塑现实。

某人首先迈出第一步,说不定一种新的人机伦理将被重新建构起来,并在越来越多的人的支持下彰显其强大的生命力。批判是对人机伦理危机不合时宜的批判,只有发展一种新的合时宜的人机伦理,这种批判才具有力量。否则,在大多数情况下,其只是狂热而显苍白无力。客观而言,能从"局外人"的视角去看"此山中的风景"者少之又少,自然而然也就少有人知道比现在更好的突破点在哪里。既然如此,就应该为没落的人机伦理困境的突破和超越贡献绵薄之力,将"弗兰肯斯坦情结"[1]伦理

---

[1] 1818 年,英国著名诗人雪莱的妻子玛丽·雪莱创作了一本叫作《弗兰肯斯坦——现代普罗米修斯的故事》的科幻小说,讲述了一个叫作弗兰肯斯坦的年轻科学家,在科学欲望的驱动下,制造出了一个类人生物。这个相貌丑陋但天性善良并向往美好的"人造人"被弗兰肯斯坦赋予了生命,但却不被社会接纳,被视为"怪物"。《弗兰肯斯坦——现代普罗米修斯的故事》展示了人工智能可能不会被社会接受,在此之后,对人工智能持反对怀疑的态度被称为弗兰肯斯坦情结。

焦虑扼杀在摇篮里[1]。

第二,对非理性主义的批判不得不为。机器威胁论的罪魁祸首就是人类对超强人工智能的担忧和焦虑,正如南京大学周志华教授所说,"严肃的研究者就不应该去碰强人工智能",人类对于超强人工智能的态度就应该是"不碰"。人类深知"阿西莫夫三原则"在强人工智能时代救不了自己,因为历史是由强者撰写的,但是为什么机器威胁论还在被人们如火如荼地讨论着呢?原因在于机器创造具有巨大的利益,人们总是相信自己可以克服风险而获得巨额回报,这个自信用在超强人工智能的发展上就是一种极其不理智的行为。

超强人工智能极具威胁性,其威力可以直接导致人类毁灭,既然有这样的风险,人类为什么还要去尝试呢?超强人工智能的危险在于其容易被不法分子利用。然而,这只是危害中最轻微的。最为焦虑的是,机器人可能认为人类不是自己的竞争对手,就该被淘汰。因此,无论是科学家还是世界首富,都需要用严谨的态度对待超强人工智能,用阻止克隆人的手段和力度去对制止超强人工智能的发明。

陈希夷在其《心相篇》中指出:"知其善而守之,锦上添花;知其恶而弗为,祸转为福"。然而,在当下的人机关系冲突中,人们对被机器奴役的行为视而不见。譬如,在当前的人机关系冲突中,人与手机的关系最为复杂和普遍,手机对人的伤害不可避免,但人离不开手机。可见,人的这种明知不可为而为之的行为,是人被机器奴役最典型的特征。人类需要三思,在处理人机关系时要坚持有所为、有所不为的原则,万万不可把史蒂芬·霍金所说的"有可能这是人类最后一次的自我批判"中的"有可能"演变为"已经"。

第三,人机伦理赋值通往人机和谐。赋予人和机器符合各自属性的伦理规则是通往人机和谐的必经之路。在人机关系冲突中,通往人机关系和

---

[1] 陈涛. 科学选择与伦理身份: 阿西莫夫小说中的人机伦理关系[J]. 华中学术, 2015(2): 71-81.

谐之路，主要从两方面实现人机关系伦理重构。一方面，对人类自身进行伦理规范，赋予人类自身获得"责任伦理"能力的灵感。责任伦理要求人类通过预测、审慎、节制等自愿的力量限制去阻止人类成为祸害，不允许人类变成巨大的力量最终摧毁我们自己或我们的后代[1]。对人的伦理规范与伦理责任能力的培养，可以通过利益诱导的方式实现。所谓利益诱导，"是指一定的社会集团、组织，通过提高人们对现实利益及其利益关系的认识，改变人们的现实利益状况，从而引导人们接受、遵从特定的社会伦理规范，并在长期的社会生活实践中进一步形成所要倡导的特定道德行为习惯的一种教育方法。"[2] "利益诱导"的教育方法在人机关系伦理教育中对人的伦理规范同样适用。可通过利益诱导的方式，运用伦理博弈论的方法论突破伦理的囚徒困境，对人进行伦理知识教育，使人形成对人机伦理的合理认识和未来图景，然后将其内化为美德，最终形成遵守人机关系伦理的良好品格。"人是机器的尺度"[3]，其中，"尺度"二字主要是指人机伦理中人对于机器的伦理遵守，可见人机关系中人所扮演的角色是极其重要的。另外，当下，世界各国还需要不断地发展人因工程，以期促进人们在认识人与机器及环境的关系中，从一个更为客观的视角树立人机关系伦理的"三观"，从人的精神层面形成深刻的人机和谐的认识论和方法论。

另一方面，对机器进行伦理规范。因机器具有独立于人存在的属性，人在发明和创造机器时不仅自己需要秉承善的伦理价值，更需要将善的意志以合理的方式嵌入机器中，通过向机器嵌入伦理价值观、发展机器人伦理学、赋予机器人伦理判断的能力的方式方法，规范机器的行为，从而避免机器伤人。人类制造机器并决定其特性和功能，人类思维和人工智能永远是模拟与被模拟、操控与被操控的关系[4]。基于此，当前阶段的机器伦理主要是被人的伦理规范所决定的，而机器的伦理行为只是人的伦理在机

---

[1] 胡佳. 基于普适计算的第四种人机关系及其伦理反思[D]. 长沙：湖南师范大学, 2014.
[2] 顾易铭. 论道德教育中的利益诱导[J]. 南京金专学报,1998(2):76-77.
[3] 张劲松. 人是机器的尺度——论人工智能与人类主体性[J]. 自然辩证法研究,2017,33(1):49-54.
[4] 同[3].

器上的表现，故对机器的伦理规范工作，人类不能袖手旁观，人类要主动并积极地推动机器伦理向善的实现。

值得注意的是，对人机关系中人与机器的伦理重构，社会公众容易从两个向度独立而论，或者将上述两方面对立而论，从而激化原本沉默的人机关系隐性矛盾，无形间沦为机器威胁论的幕后推手。为了避免此类情形出现，"从理论层面和规范层面提出各种伦理原则以用于实践时，必须考量其现实可能性并寻求折中的解决方案；应摆脱未来学家的简单的乐观主义与悲观主义立场，从具体问题入手强化人的控制作用和建设性参与；要从人机协作和人机共生而不是人机对立的角度探寻发展基于负责任的态度的可接受的人工智能的可能"[1]。

第四，在拥抱理性选择中坚守"帕累托最优法则"。明晰善与恶的分界线是人机伦理关系中理性选择的前提。"理性选择理论所说的'理性'，就是解释个人有目的的行动与其可能达到的结果之间的联系的工具性理性。"[2]在人机关系伦理中的理性选择就是一种工具性理性，即不选择沦为机器的奴隶，也不选择使用机器去奴役和束缚人，这就需要分清人机伦理关系中的善与恶。

在人机关系伦理中关于善与恶的标准并不复杂，主要的界定方式就是对人机关系中的主体意志的评判，评判的标准如下：是否在满足不伤害他人也不伤害自己这一双重逻辑的同时实现人类价值的最大化，即在重复囚徒困境中摆脱囚徒困境的限制，走向帕累托最优法则。在人机关系冲突论中，人类并没有严格坚守善的标准，只是将其行为嵌套在社会大的伦理标准框架中，将其中部分人机关系所带来的恶的后果诡辩为其对社会的善做出的牺牲，其实这就是对其恶的行为的包容和接纳，究其根本是伦理的可塑性造成了伦理惩戒力量的缺失。因此，在处理人机关系冲突的事件中，要恪守善的底线，不仅要做到不给自身带来伤害，还要做到不使他人的利

---

[1] 段伟文. 人工智能时代的价值审度与伦理调适[J].中国人民大学学报,2017,31(6):98-108.
[2] 李培林. 理性选择理论面临的挑战及其出路[J].社会学研究,2001(6):43-55.

益受损，即"己所不欲，勿施于人"。当然，冲突的化解如果要牺牲部分人的利益，也要将对其伤害的程度降到最低，保证在善的前提下做出价值判断，会对于因不可控的客观因素所致的损失，要采用合理的方式方法实现个体损失的最小化、社会群体的利益最大化。

第五，社会规范弥补伦理失范，加固伦理根基。伦理学中一个主要与核心的问题，就是要解决个体至善与社会至善的关系，要劝诫个体认同善良意志，同时一个个具有善良意志的人能够实现一个美好的社会。人人相信道德法则，就必定可以造就一个"人是目的"的美好社会[1]。但是，由于伦理道德对于人的规范存在先天不足，美好社会的实现道路坎坷。这就说明，仅仅通过人机关系伦理规范是很难实现人机关系和谐的，需要增加社会规范以弥补从机器的设计研发、制造到投入市场等多个向度的人机关系伦理的缺陷。

人机关系中的伦理规范主要以善和恶作为其评价的标准和界限，采取社会舆论、社会习俗及个人内心信念等方式，对越轨的社会行为进行谴责和制止，但因其不具有社会规范的强制力，加上人们对善与恶的评价标准因人而异，所以，要发展社会规范以弥补人机关系中的伦理规范的缺陷。可从以下三个层面探讨人机伦理失范的主要应对策略。

（1）个体层面。具备科学精神是个体层面为人机伦理重构做出贡献的前提。人机伦理失范是社会无意识的结果，而社会无意识又是个体无所作为的衍生物。如果能对社会中的每个个体做出相应的伦理规约，那么机器的设计研发者、制造者、使用者与受益者将能在最短的时间内敏感地感悟到自身的责任与权力，从而使用有效的方式维护自己的权利与利益，并在人机关系构成的过程中明确与内化自身的责任。

在人机伦理重构过程中，机器的设计研发者自然具有较大的话语权，无论是在权威性方面还是在影响力方面，其都具有非同凡响的效力，与使

---

[1] 庞俊来. 中国伦理精神的结构、解构与重构[J]. 云南社会科学, 2017(4): 27-33.

用者和受益者相比，其自然肩负更多的责任与历史使命。但设计研发者又该被赋予何种禀赋和精神，方能为人机伦理重构做出贡献呢？这当然不免提及设计研发者的科学精神。科学精神是科学共同体在从事科学研究活动中所遵从的精神价值和道德规范，包括理性信念、普遍主义、有组织的怀疑精神和感情中立原则等，它通过科学思想、科学方法、科学思维、科学道德来体现严肃认真、客观公正、实事求是、敢于实践、独立思考、尊重证据、坚持真理、修正错误的精神气质，构成了科学的完整内涵。获得个体主动积极参与的能力是个体层面为人机伦理重构做出贡献的结果。如果一个机器设计研发者能兼具如上所提及的科学精神，那么伦理失范的困境在个体层面就已经有突破一半的可能。

制造者和使用者所扮演的角色也不得不提。在人机伦理关系重构的过程中，机器的制造者和使用者依然应该具备明辨是非的能力，从人机伦理意识、伦理行为、伦理价值等多方面不断地武装个人的思想及头脑，以期迅速感知人机关系中的越轨行为，并通过运用各种发声媒介合法地表达自己的看法和观点，不做魔鬼的代言者和协助者。

（2）制度层面。制度得益于善法的建构，反哺于人机伦理，惩戒恶的行为，颂扬善的行为。首先，要完善与人机关系相关的法律。在人机伦理重构的过程中，需要将人机关系的各种恶的形态写入法律中，对导致人机关系冲突的各种情形进行有效规约。其次，要严格完成法律的贯彻执行任务。法律作为对人机伦理关系的补充，为避免其流于形式，需要专门的人机伦理专家对人机关系的冲突做出伦理规范与法律的强制执行，绝不能让故意挑起人机关系冲突的恶意行为逍遥法外。最后，要健全奖罚制度。善法的目的在于实现社会的善，这就需要对有违人机伦理道德的行为进行惩戒，以矫正这些行为，是达到善的目的的必要条件。否则，就是对人机关系中恶的行为的包容，更是对善的行为的漠视。

（3）组织层面。环境中塑造的个体具有群分效应，以便刺激失范的个体行为复归。组织层面介入人机伦理失范，是从"环境决定论"的视角获得的灵感。经过深思发现，从个体层面探讨人机伦理关系的伦理困境存在风险，单从人类某个独立而固定的个体出发，都没有人敢保证这个具体的个人已经完全内化人机关系伦理的优良品质，更何况社会是由无数个相互关联的个体构成的人类集群。所以，把除个体之外的大环境进行改造是对个体伦理重构的补充和完善。因此，从组织层面对社会的人机关系伦理进行社会的再教育与伦理再造显得尤为必要。

一方面，社会可以宣传家庭对人机关系伦理的重要性，促使家庭对其成员的伦理基础进行启蒙。同时，学校课堂的专业伦理价值教育，特别是人因工程学的普世化教育，对于当下人工智能时代的人机伦理重构具有决定性作用。另一方面，可以通过出台相关政策的方式（如出台《机器伦理的伦理守则》），引导人机关系的发展方向，辅之以社会舆论媒介等媒体工具，并对人机关系进行社会化宣传教育，从而站在宏观的视域重构人机关系大环境，回应人机关系失范现象。

延伸阅读

《重估：大数据与人的生存》

大数据不仅是治理创新的工具，更在深层次上全方位影响着新时代人的生存和发展，拥抱大数据是我们每一个人的必然选择。如何理性看待与合理评价大数据对人生存和发展的影响，是当今大数据和人工智能时代的一个重大问题。

刁生富教授等所著的《重估：大数据与人的生存》一书选取了大数据与人的生存和发展密切相关的一些重要方面，包括交往、学习、阅读、教育、刷屏、思维、心理、权利、隐私、素养、解放及数字遗产等，从哲学、伦理学、心理学、教育学、社会学等角度，进行了初步研究，探讨了大数据对人的生存和发展已经赋予的和可能赋予的意义、新产生的问题及解决这些问题的路径。

《重估：大数据与治理创新》

大数据开启了一次重大的时代转型，数据正以其无处不在、无孔不入、无坚不摧的力量成为创新发展的新方向、新趋势、新路径，对政府治理和社会治理产生了深远影响，而大数据在治理创新中作用的发挥，又与数据治理本身有关，与数据的开放共享有关，与数据思维和数据决策有关。

刁生富教授等所著的《重估：大数据与治理创新》一书对数据治理、政府治理和社会治理这三个方面的相关问题进行了研究，包括数据治理与数据价值实现、数据开放共享的精细化治理与隐私保护、数字政府与数字公民建设、数据思维与领导干部的数据决策、慈善资源和志愿服务的精准供给与衔接、老龄化社会中的智慧养老问题、共享生活化的生成逻辑与治理创新、大数据在舆情监测中的应用与超越等内容，是继《重估：大数据与人的生存》之后又一部富有启发性的力作。